Sarah Cooper

100 Tricks, um in Meetings schlau zu wirken

Sarah Cooper

100 TRICKS, UM IN MEETINGS SCHLAU ZU WIRKEN

Das Überlebenshandbuch
für den täglichen Bürowahnsinn

Aus dem Englischen von G. Maximilian Knauer

HEUTIGE AGENDA

EINFÜHRENDE BEMERKUNGEN –
LASSEN SIE MICH ERKLÄREN, WAS ICH IHNEN ERKLÄREN WILL,
BEVOR ICH ES IHNEN NOCH MAL ERKLÄRE   7

TEIL I: VORBEREITUNG   15

1. REGIEANWEISUNG FÜR DEN KONFERENZRAUM:
   Wie man den Raum betritt.   17

2. ALLGEMEINE MEETINGS: Zehn Schlüsselstrategien,
   um schlau rüberzukommen   18

3. WHITEBOARD-TAKTIKEN: 21 sinnlose Diagramme,
   die Sie zeichnen können   29

4. EINS ZU EINS: Wie man seinen Kollegen davon überzeugt,
   dass man ernst nimmt, was er sagt   34

5. PLAN IN SACHEN EMOTIONALER INTELLIGENZ:
   Was man mit seinem Gesicht macht   46

6. TELEFONKONFERENZEN: Wie man am Telefon schlau klingt   51

7. AUF GLOBALER EBENE: Wie man in Meetings auf der
   ganzen Welt schlau rüberkommt.   64

TEIL II: ZENTRALE KONVERSATIONSTECHNIKEN   69

8. REGIEANWEISUNG FÜR DEN KONFERENZRAUM:
Wie man den Raum beherrscht   71

9. TEAM-MEETINGS: Die Optik chefmäßig gestalten   72

10. MITMISCHEN: Meetings in einer von Männern
dominierten Welt   82

11. SPONTANE MEETINGS: Wie man überraschenden Meetings
wie ein Ninja begegnet   86

12. Wie man es schafft, dass sich das Meeting weniger wie ein
Meeting anfühlt, obwohl es nichts weniger als ein Meeting ist   95

13. PRÄSENTATIONEN: Wie man den großen Wurf macht,
ohne viel zu sagen   98

14. SPICKZETTEL FÜR MEETING-KAUDERWELSCH:
Dechiffrieren, was die Leute sagen   111

15. BRAINSTORMING-MEETINGS: Wie man als die kreative Kraft
im Team wahrgenommen wird   113

TEIL III: NÄCHSTE SCHRITTE 129

16. REGIEANWEISUNG FÜR DEN KONFERENZRAUM:
Wie man den Raum verlässt 131

17. NETWORKING-EVENTS: Wie man Verbindungen mit Leuten knüpft,
denen man nie wieder begegnen wird 132

18. Was man während eines Networking-Events mit seinen Händen
macht 144

19. TEAMBILDUNG AUSSERHALB: Wie man Mitglied
im Corporate Culture Club wird 149

20. Berühmte Meetings in der Geschichte 158

21. Wirkungsvolle Schachzüge für Fortgeschrittene, dank derer man
befördert (oder gefeuert) wird 162

22. GESCHÄFTSESSEN: Wie man in gezwungenen gesellschaftlichen
Situationen schlau rüberkommt 165

FOLLOW-UP: ZWISCHEN DEN MEETINGS –
GLÄNZEN SIE AUCH IN AUSZEITEN 177

DANKSAGUNG 181

LASSEN SIE MICH ERKLÄREN, WAS ICH IHNEN ERKLÄREN WILL, BEVOR ICH ES IHNEN NOCH MAL ERKLÄRE

Für mich, wie für alle anderen, hat es oberste Priorität, in Meetings schlau rüberzukommen. Manchmal kann das schwierig werden, wenn man anfängt, seinen Tagträumen über den nächsten Urlaub, das nächste Nickerchen oder ein Stück Schinkenspeck nachzuhängen. Wenn das passiert, ist es gut, wenn man ein paar Reservestrategien in der Reserve hat. Dieses Buch liefert Ihnen 100 Reservestrategien, die Sie in der Reserve behalten können. Wer all diese Strategien lernt, verinnerlicht und umsetzt, ist bereits auf dem besten Weg, ein wichtiger Mitspieler in seiner Firma zu werden, ohne auch nur zu wissen, was das bedeutet.

Kann ich Ihnen kurz ein paar Fragen stellen?

Gehen Sie zu Meetings?

Wollen Sie in Ihrem Beruf vorankommen und die Karriereleiter erklimmen?

Beantworten Sie gern sinnlose rhetorische Fragen?

Haben Sie dieses Buch für sich selbst oder jemand anderen gekauft?

Dann ist es das richtige Buch für Sie. Oder jemand anderen.

WARUM MEETINGS? IM ERNST, WARUM?

Es gibt mehrere Gründe. Wir gehen in Meetings, um »mitzuwirken«, »Informationen« auszutauschen, allen zu beweisen, dass unser Job nicht »nutzlos« ist und hauptsächlich, weil uns nicht rechtzeitig eine gute Entschuldigung eingefallen ist.

Schätzungen zufolge verbringen wir 75 Prozent unseres Lebens im Wachzustand in Meetings und halten jährlich elf Millionen davon ab. Aber mehr als ein Drittel (zwei Sechstel) dieser Meetings geht dafür drauf, weitere Meetings zu planen, während ein Sechstel dafür draufgeht, jemanden zu bitten, zu wiederholen, was er gerade gesagt hat, weil man nicht aufgepasst hat, während die anderen drei Sechstel besser eine E-Mail gewesen wären.

Niemand passt in Meetings auf. Um weiterzukommen, müssen Sie also nicht *besser aufpassen als alle anderen*. Tatsache ist aber, dass Meetings eine der wenigen Gelegenheiten sind, bei denen Sie Ihre Führungsqualitäten, Ihre Soft Skills und die analytischen Eigenschaften Ihres Gehirns unter Beweis stellen müssen.

Je schlauer Sie wirken, zu desto mehr Meetings wird man Sie einladen und desto mehr Gelegenheiten werden Sie haben, schlau rüberzukommen, und umso früher können Sie sich auf Ihrem Bürostuhl im Kreis drehen, an die Decke schauen und pfeifen, so wie es der Vorstandsvorsitzende immer macht.

WIE IST DIESES BUCH ENTSTANDEN?

Ich habe dieses Buch geschrieben, weil jemand mich dafür bezahlt hat. Aber auch, weil ich eine Deadline hatte.

Ich fing im Sommer 2007, als ich für Yahoo! arbeitete, damit an, Meeting-Tricks aufzuschreiben, die ich in Meetings mit Direktoren, Vizepräsidenten und Senior-Vizepräsidenten und Senior-Vizepräsident-Direktoren aus nächster Nähe beobachtet habe. Sieben Jahre später wurde ich Managerin bei Google und dadurch sogar zu noch mehr Meetings eingeladen als je zuvor. Wie meine strahlende Karriere einen so steilen Verlauf nehmen konnte? Ich bin zu Meetings gegangen und hab dabei verdammt schlau gewirkt.

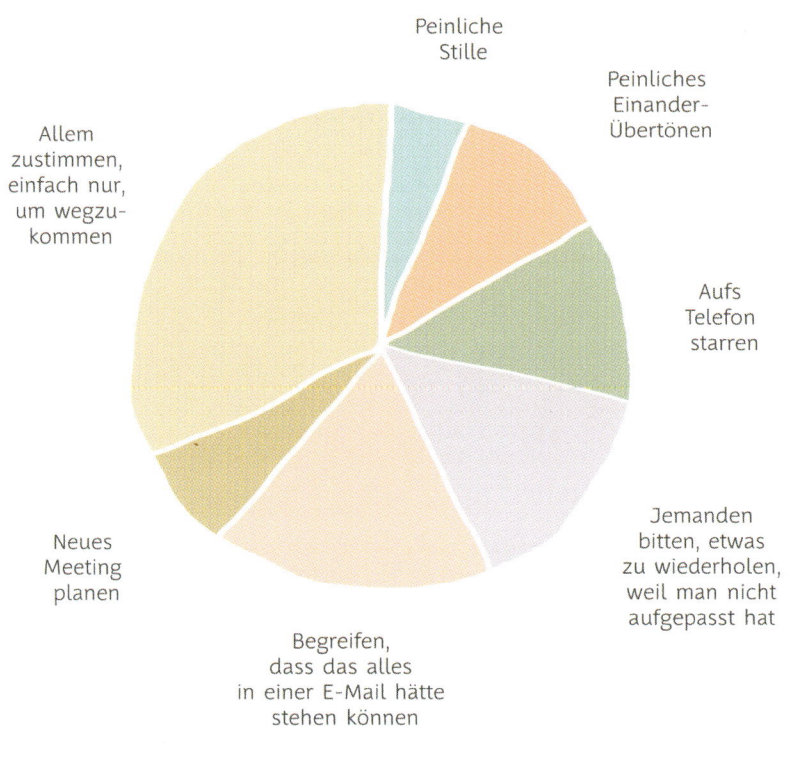

ZEITVERTEILUNG IN MEETINGS

Quelle: TheCooperReview.com

Peinliche Stille

Peinliches Einander-Übertönen

Allem zustimmen, einfach nur, um wegzukommen

Aufs Telefon starren

Jemanden bitten, etwas zu wiederholen, weil man nicht aufgepasst hat

Neues Meeting planen

Begreifen, dass das alles in einer E-Mail hätte stehen können

WAS STECKT IN DIESEM BUCH?

Ich werde in die Tiefe gehen, in eine tiefere Tiefe als jeder Tiefseetauchgang, den Sie sich vorstellen können; ich werde mich mit jeder Art von Meeting beschäftigen, von Einzelgesprächen bis hin zu Präsentationen. Dabei werde ich Ihnen einfache Wege aufzeigen, Ihre Meeting-Strategien wasserdicht zu machen, egal, in welcher Situation Sie sich wiederfinden. Dann werden wir uns kurzschließen, um zu sehen, wie Sie es aussehen lassen können, als würden Sie sich außerhalb Ihres normalen Arbeitsumfelds kurzschließen, und uns mit der Frage beschäftigen, was Sie selbst dann tun können, wenn Sie nicht in einem Meeting stecken. Und wir werden auch dornenreiche, komplizierte Mechanismen nicht überspringen – zum Beispiel die Frage, was Sie mit Ihrem Gesicht machen sollen.

Dieses Buch liefert Ihnen die Taktiken, Methoden und anderen Synonyme für »Strategie«, die Sie brauchen, um Ihre Karriere weiter zu pushen, als Sie es in Ihren kühnsten Träumen für möglich gehalten hätten, ohne dass Sie sich jemals dafür anstrengen müssen.

UM MIT EINER MOTIVIERENDEN ZUSAMMENFASSUNG ABZUSCHLIESSEN

Wahrnehmung ist Realität. Ich glaube, es war Christoph Kolumbus, der das gesagt hat. Und er hatte recht. Ich habe alles, was ich zu wissen vorgebe, in diese Seiten gegossen und hoffe aufrichtig, dass diese Tricks dasselbe für Ihre Karriere bringen wie für meine.*

---

* Ich nehme mir gerade eine ständige Auszeit.

KARRIEREOPTIONEN
Quelle: TheCooperReview.com

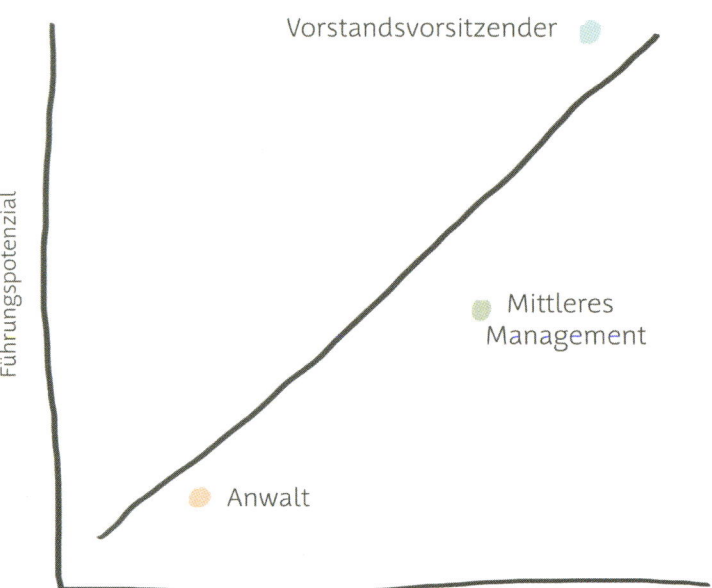

Vorstandsvorsitzender

Führungspotenzial

Mittleres
Management

Anwalt

Anzahl der Meetings, in denen man schlau rüberkommt

WIE MAN DIESES BUCH LESEN SOLLTE

- ☐ Kaufen Sie sich das Buch

- ☐ Kaufen Sie das Buch für all Ihre Kollegen (die, die Sie mögen)

- ☐ Setzen Sie ein Meeting an, um das Buch zu diskutieren

- ☐ Setzen Sie ohne besonderen Grund ein Folge-Meeting an

- ☐ Legen Sie ein Exemplar auf Ihren Schreibtisch

- ☐ Legen Sie ein Exemplar in alle Konferenzräume

- ☐ Legen Sie für Geschäftsreisen ein Exemplar in Ihren Aktenkoffer

- ☐ Legen Sie eines auf Ihren Nachttisch als Unterlage für Ihr Handy

TEIL I

VORBEREITUNG

1. Regieanweisung für den Konferenzraum   17

2. Allgemeine Meetings.   18

3. Whiteboard-Taktiken   29

4. Einzelgespräche   34

5. Plan in Sachen emotionaler Intelligenz   46

6. Telefonkonferenzen   51

7. Auf globaler Ebene.   64

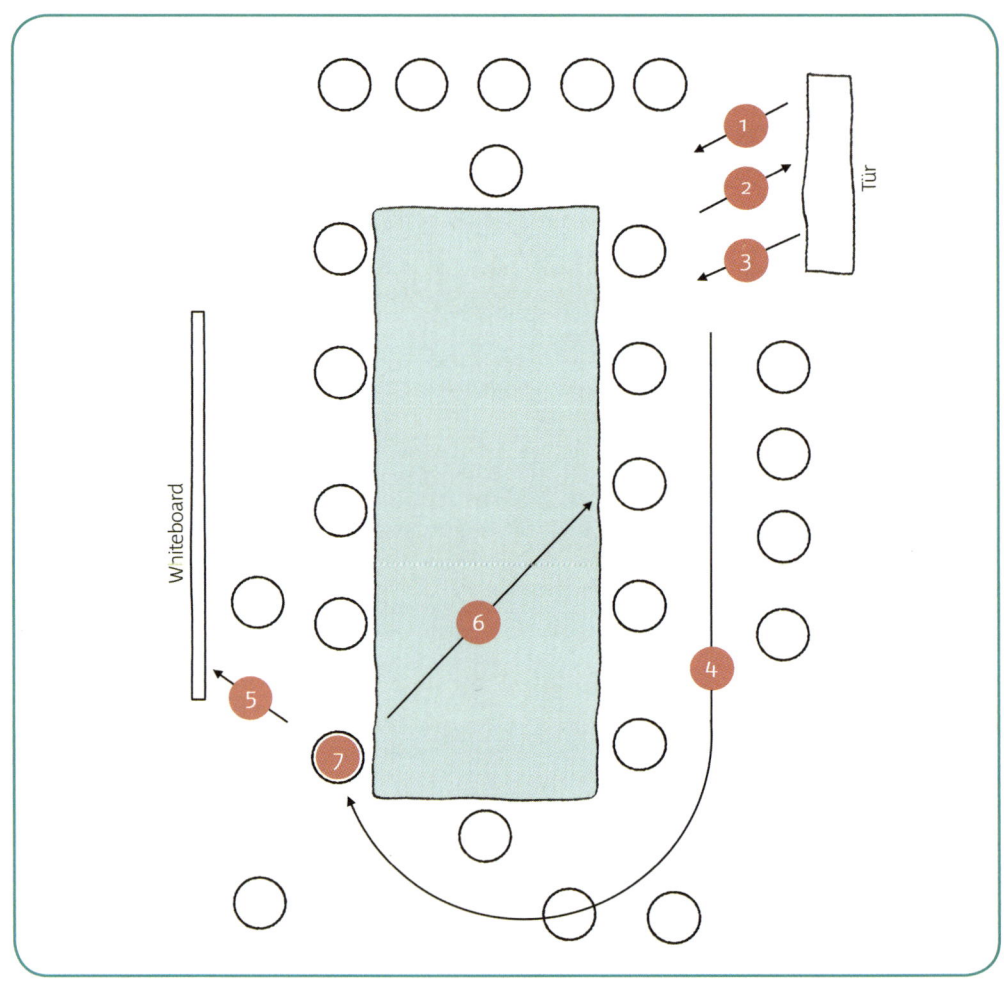

WIE MAN DEN RAUM BETRITT

In Meetings kann die Art, wie Sie sitzen, stehen, sich irgendwo anlehnen oder sich zusammenkauern entscheidend dafür sein, ob man Sie als künftigen Vizepräsidenten oder Senior-Vizepräsidenten wahrnimmt. Halten Sie sich an die folgende Anweisung, um förmlich vor Intelligenz zu triefen, wenn Sie hereinkommen.

1. Kommen Sie herein; fragen Sie, ob jemand etwas braucht (siehe Trick Nr. 61).
2. Gehen Sie raus, holen Sie sich Kaffee, gehen Sie auf die Toilette, lassen Sie sich Zeit.
3. Kommen Sie mit Wasser und Snacks zurück, auch wenn niemand darum gebeten hat.
4. Setzen Sie sich neben den Leiter des Meetings, damit es so aussieht, als würden Sie das Meeting mit ihm zusammen halten (siehe Trick Nr. 33).
5. Schreiben Sie ein paar Schlüsselworte auf das Whiteboard (siehe Whiteboard-Taktiken).
6. Stellen Sie Augenkontakt mit Ihrem Erzfeind her.
7. Lehnen Sie sich zurück und schauen Sie zur Decke, verschränken Sie dabei die Hände hinter dem Kopf, als ob Sie angestrengt über etwas nachdenken würden.

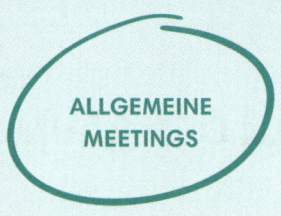

ZEHN SCHLÜSSELSTRATEGIEN, UM SCHLAU RÜBERZUKOMMEN

Allgemeine Meetings fallen im Allgemeinen in eine von drei Kategorien: peinvoll, nutzlos oder niederschmetternd. Aber egal, in was für einer Art von Meeting Sie sich wiederfinden, Sie können sich sicher sein, dass einer dieser zehn Tricks Sie schlau wirken lässt.

#1 Zeichnen Sie ein Venn-Diagramm

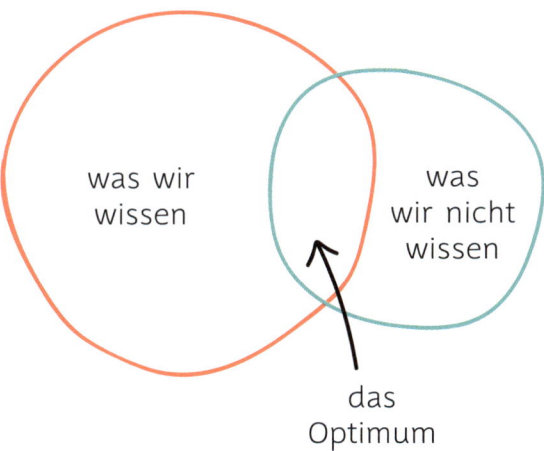

was wir wissen

was wir nicht wissen

das Optimum

Aufzustehen und ein Venn-Diagramm zu zeichnen, ist eine hervorragende Gelegenheit, schlau zu wirken. Es spielt keine Rolle, ob Ihr Venn-Diagramm unglaublich ungenau ist; tatsächlich ist es umso besser, je ungenauer es ist. So werden Ihre Kollegen, noch bevor Sie den Marker hingelegt haben, zu streiten anfangen, welche Labels man verwenden und wie groß die Kreise sein sollten. An dem Punkt können Sie zurück zu Ihrem Stuhl schleichen und Candy Crush spielen.

#2 Übersetzen Sie Prozent-Metrik in Brüche

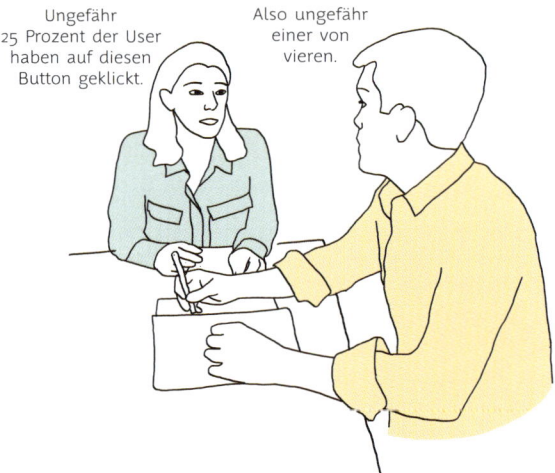

Wenn jemand sagt: »Ungefähr 25 Prozent der User klicken auf diesen Button«, dann unterbrechen Sie mit: »Also ungefähr einer von vieren« und machen Sie sich dazu eine Notiz. Alle werden zustimmend nicken, insgeheim von der Geschwindigkeit Ihrer mathematischen Fähigkeiten beeindruckt sein und Sie darum beneiden.

#3 Ermuntern Sie alle, »einen Schritt zurückzugehen«

Können wir hier mal einen Schritt zurückgehen?

Es gibt einen Punkt bei Meetings, wo alle mitreden, nur Sie nicht. Das ist ein großartiger Zeitpunkt, um zu sagen: »Jungs, Jungs, Jungs, können wir hier mal einen Schritt zurückgehen?« Alle werden den Kopf in Ihre Richtung drehen und von Ihrer Fähigkeit verblüfft sein, die Wogen zu glätten. Lassen Sie darauf schnell die Frage »Welches Problem versuchen wir hier eigentlich zu lösen?« folgen und – zack! – haben Sie sich wieder eine Stunde erkauft, in der Sie schlau wirken.

Nicken Sie beständig, während Sie so tun, als würden Sie sich Notizen machen

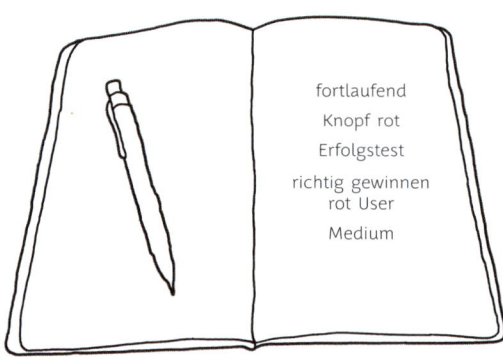

Bringen Sie immer einen Notizblock mit. Man wird Sie für Ihre Ablehnung der Technologie verehren. Machen Sie sich Notizen, indem Sie einfach ein Wort aus jedem Satz, den Sie hören, aufschreiben. Nicken Sie beständig, während Sie das machen. Wenn jemand Sie fragt, ob Sie mitschreiben, dann sagen Sie schnell, dass das Ihre persönlichen Notizen sind und dass eigentlich jemand anderes das Meeting aufzeichnen sollte.

#5 Wiederholen Sie den letzten Satz des Ingenieurs, aber sehr, sehr langsam

Wenn ich das kurz wiederholen darf ...

Behalten Sie den anwesenden Ingenieur im Auge. Merken Sie sich seinen Namen. Er wird den Großteil des Meetings über schweigen, doch wenn seine Stunde gekommen ist, wird alles, was er sagt, von unbegreiflicher Brillanz sein. Nachdem er seine göttlichen Worte gesprochen hat, schließen Sie sich mit den Worten »Wenn ich das kurz wiederholen darf ...« an und wiederholen Sie genau das, was er gesagt hat – aber sehr, sehr langsam. So werden sich die Leute an das Meeting erinnern und die intelligente Aussage fälschlicherweise Ihnen zuschreiben.

#6

Fragen Sie: »Lässt sich das skalieren?« – egal, worum es geht

Aber lässt sich das skalieren?

Es ist wichtig herauszufinden, ob sich die Dinge skalieren lassen, egal, worüber man redet. Niemand weiß wirklich, was es bedeutet, aber es ist ein guter, vager Sammelbegriff, der sich universell anwenden lässt und die Ingenieure in den Wahnsinn treibt.

#7 Gehen Sie im Raum herum

Fangen Sie nicht auch sofort an, jemanden zu respektieren, wenn er vom Tisch aufsteht und im Raum herumgeht? Ich tue das jedenfalls. Dazu gehört viel Mut, aber sobald Sie es machen, wirken Sie sofort schlau. Gehen Sie herum. Gehen Sie in die Ecke und lehnen Sie sich dort an die Wand. Machen Sie einen tiefen, kontemplativen Seufzer. Vertrauen Sie mir: Alle machen sich jetzt in die Hosen und fragen sich, was Sie wohl denken. Wenn die wüssten (Schinkenspeck)!

#8

Bitten Sie die Person, die die Präsentation hält,
eine Folie zurückzugehen

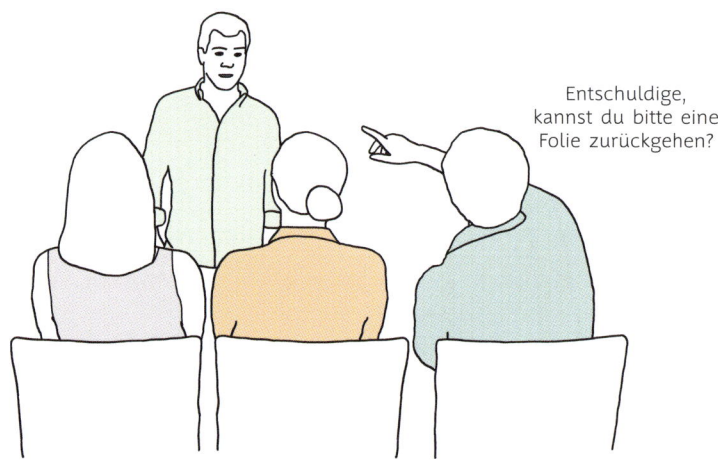

Entschuldige,
kannst du bitte eine
Folie zurückgehen?

»Entschuldige, kannst du bitte eine Folie zurückgehen?« Diese sieben Worte hört
niemand gern, der eine Präsentation hält. Es spielt keine Rolle, an welcher Stelle der
Präsentation Sie das rufen; es wird Sie sofort aussehen lassen, als würden Sie besser
aufpassen als alle anderen, weil ihnen ja offensichtlich eine Sache entgangen ist,
auf die Sie jetzt in Ihrer Brillanz hinweisen werden. Sie haben nichts, auf das Sie
hinweisen können? Dann starren Sie einfach ein paar Sekunden schweigend vor
sich hin und sagen dann: »Okay, machen wir weiter.«

#9   Gehen Sie für einen wichtigen Anruf nach draußen

Sorry,
da muss ich
rangehen.

Wahrscheinlich haben Sie Angst, den Raum zu verlassen, weil Sie fürchten, dass die Leute denken, dass das Meeting keine Priorität für Sie hat. Interessanterweise ist es jedoch so, dass jedermann realisiert, wie wichtig und viel beschäftigt Sie sind, wenn Sie für einen »wichtigen« Anruf nach draußen gehen. Man wird sagen: »Wow, dieses Meeting ist wichtig, wenn es also für ihn etwas noch Wichtigeres gibt, stören wir ihn besser nicht.«

#10 Machine Sie sich über sich selbst lustig

Ich hab nichts von dem gehört, was hier während der letzten zwei Stunden geredet wurde.

Wenn jemand Sie fragt, was Sie denken, und Sie wirklich während der letzten Stunde kein Wort von dem, was geredet wurde, mitbekommen haben, sagen Sie einfach: »Ich habe ehrlich gesagt kein Wort von dem gehört, was hier während der letzten Stunde geredet wurde.« Die Leute lieben selbstironischen Humor. Sagen Sie Sachen wie »Wir können vielleicht einfach meine Scheidungsanwälte nehmen« oder »Himmel, ich wünschte, ich wäre tot«. Man wird lachen, Ihre Ehrlichkeit zu schätzen wissen, darüber nachdenken, die Personalabteilung einzuschalten, aber – und das ist das Wichtigste – man wird vor allem denken, dass Sie von allen Leuten im Raum derjenige sind, der am klügsten wirkt.

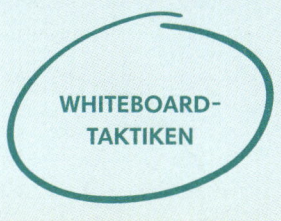

21 SINNLOSE DIAGRAMME, DIE SIE ZEICHNEN KÖNNEN

Es kann unglaublich einschüchternd sein, während eines Meetings zum Whiteboard zu gehen und etwas zu zeichnen – alle kleben an ihren Stühlen, gelähmt von der wahnsinnigen Angst, sich zu bewegen. Und genau darum ist es einer der leichtesten Wege, den Sie einschlagen können, um schlau rüberzukommen. Einfach nur die Tatsache, dass Sie dort vorne stehen, erhöht das Führungspotenzial, das man in Ihnen sieht, um tausend Prozent. Aber was können Sie zeichnen? Spielt keine Rolle. Sie könnten sich hinstellen und ein paar Pfeile zeichnen, die auf Ihren Hintern zeigen, und würden immer noch verdammt schlau dabei wirken. Aber wenn Sie noch ein paar Ideen brauchen, dann können Sie eines der folgenden sinnfreien Diagramme ausprobieren.

1. Schreiben Sie das Wort »Vision« und ziehen Sie einen Kreis darum. Erinnern Sie alle daran, dass alles, was wir tun, sich um unsere Vision drehen muss.

2. Zeichnen Sie ein Dreieck und einen Pfeil, der darauf zeigt. Fragen Sie: »Konzentrieren wir uns auf das Richtige?«

3. Zeichnen Sie einen seltsam aussehenden Eimer und nennen Sie ihn Trichter. Sagen Sie: »Wir müssen den besten Pfad zur optimalen Kundenakquisition finden.«

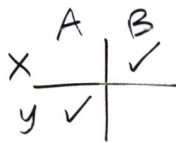

4. Zeichnen Sie eine horizontale Linie und dann eine vertikale Linie direkt durch die horizontale. Fügen Sie ein paar Buchstaben oder Häkchen hinzu. Fragen Sie, ob wir alle unsere Anforderungen erfüllen.

5. Zeichnen Sie ein paar mit Linien verbundene Kästchen. Große Kästchen oben sind wichtige Leute, kleine Kästchen unten sind es nicht. Fragen Sie: »Welche Hierarchie versuchen wir zu etablieren?« – und sofort schauen Sie nach einem großen Kästchen aus.

6. Ziehen Sie eine Linie von »Jetzt« zu »Launch« mit Strichen, die die Meilensteine repräsentieren. So werden die Leute glauben, dass Sie wissen, wie Projektpläne funktionieren.

BACKEND
↓
FRONTEND

7. Schreiben Sie »Backend« und »Frontend« und verbinden Sie beide mit einem Pfeil. Sagen Sie: »Wir müssen das Backend mit dem Frontend verbinden.« Sie werden äußerst technikgewandt erscheinen.

8. Zeichnen Sie eine Pizza mit einem Fragezeichen darin. Sagen Sie, dass jedes Projekt unterschiedliche Stücke hat und wir herausfinden müssen, welches die großen Stücke sind und welches die kleinen.

9. Zeichnen Sie eine x- und eine y-Achse und dann eine Linie, die aussieht wie ein Hockeyschläger. Kreisen Sie den »Ellenbogen« in dem Hockeyschläger ein und fragen Sie: »Wie erreichen wir so ein Wachstum? Was müssen wir tun, damit es so rasant bergauf geht?«

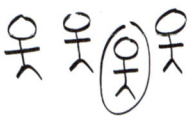

STRATEGIE

10. Schreiben Sie ein Wort wie »Strategie«, »Ziel« oder »Handlungsplan« in Großbuchstaben und unterstreichen Sie es zweimal. Dann setzen Sie sich einfach wieder hin. Ihr Team wird wissen, dass Sie es ernst meinen.

11. Zeichnen Sie ein paar Strichmännchen und sagen Sie, dass wir über unsere Kunden reden müssen. Kreisen Sie eines davon ein und sagen Sie: »Das ist Lucy. Lucy ist Mutter. Was will Lucy? Wen kümmert's? Was wollen wir? Das ist der Trick. Was will Lucy?«

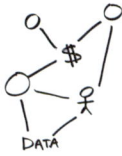

12. Zeichnen Sie ein paar Kreise und ein paar willkürliche Worte wie »Geld«, »Daten« oder »Hotdogs«. Verbinden Sie alles untereinander mit ein paar Linien und fragen Sie alle, ob man die Punkte so verbinden kann, wie Sie es gerade getan haben.

13. Zeichnen Sie eine Linie mit einem Pfeil an jedem Ende. Gehen Sie zum einen Ende und sagen Sie ein Wort, dann gehen Sie zum anderen und sagen Sie das Gegenteil dieses Wortes. Dann fragen Sie das Team, wo es glaubt, dass wir stehen sollten.

14. Zeichnen Sie einen Kasten und einen Pfeil, der aus dem Kasten hinauszeigt. Sagen Sie, dass wir nicht in dem Kasten stecken wollen.

15. Zeichnen Sie eine Wolke und sagen Sie: »Lasst uns mal ins Blaue hinein denken«, oder: »Und was ist mit der Cloud?« Mit beiden Aussagen stehen Sie da wie eine treibende Kraft der Innovation.

16. Schreiben Sie das Wort »Roadmap« und zeichnen Sie ein Rechteck darum. Fragen Sie Ihre Mitarbeiter: »Was ist unsere Roadmap?« Das wirkt so, als wäre es Ihnen wichtig, Ziele zu erreichen.

17. Zeichnen Sie drei Spalten und nennen Sie sie A, B und C. Bitten Sie das Team, die Diskussion in verschiedene Gedankengänge zu unterteilen. Dann setzen Sie sich wieder hin und lassen das jemand anderen machen.

18. Schreiben Sie das Wort »Ideen« und umkringeln Sie es. Damit zeigen Sie, dass Sie wirklich Ideen hören wollen, während die kringelige Linie darstellt, wie organisch der Prozess ist.

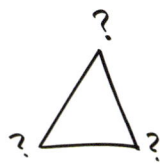

19. Zeichnen Sie einen Pfeil, an deren einem Ende A steht und am anderen Ende B. Stellen Sie die Frage: »Wie kommen wir von A nach B?« Ihre Kollegen werden es zu schätzen wissen, wenn Sie die Lösung so vereinfachen.

20. Schreiben Sie 1, 2, 3 mit Pfeilen dazwischen. Fragen Sie nach jedem Schritt, der gemacht werden muss, und wie diese Schritte aussehen sollen. Dann schreiben Sie einfach auf, was die Leute Ihnen an den Kopf werfen.

21. Zeichnen Sie ein Dreieck mit einem Fragezeichen an jeder Ecke. Sagen Sie, dass jede tolle Strategie drei starke Eckpfeiler hat. Fragen Sie: »Was sind unsere Eckpfeiler?«

WIE MAN SEINEN KOLLEGEN DAVON ÜBERZEUGT, DASS MAN ERNST NIMMT, WAS ER SAGT

Neulich vertraute mir ein Kollege an, wie er sich fühlte oder etwas in der Art. Um ehrlich zu sein, habe ich keine Ahnung, wovon er gesprochen hat. Die Sache ist die, dass es einfach schwierig ist, seinen Kollegen zuzuhören. Und wenn Sie der einzige andere Mensch im Raum sind, wird Ihre Fähigkeit, voll aufmerksam, bei der Sache und kenntnisreicher, als man es sich hätte träumen lassen, zu wirken, einer mikroskopisch genauen Probe unterzogen.

Hier zehn Tricks, wie Sie sich den Respekt Ihres Kollegen sichern können, während Sie gleichzeitig dafür sorgen, dass er nie im Leben merkt, wie wenig Sie jetzt mit ihm in diesem Raum sein wollen.

#11

Schicken Sie in letzter Minute eine Chatnachricht und fragen Sie, ob das Treffen noch nötig ist

Müssen wir uns heute noch treffen?

Nee ...

Schicken Sie Ihrem Kollegen direkt vor dem Meeting eine Nachricht und fragen Sie, ob das Meeting noch nötig ist. Sagen Sie, dass Sie der Tatsache Rechnung tragen wollen, dass Sie beide wenig Zeit haben, und sicherstellen wollen, dass Sie beide nicht etwas für die Firma Wertvolleres tun könnten. Ihr Kollege wird beeindruckt sein, wie sehr Sie seine zeitlichen Kapazitäten respektieren. Höchstwahrscheinlich wird er das Meeting jetzt absagen, um der Bürde zu entgehen, sich etwas Wichtiges aus den Fingern zu saugen, worüber Sie reden können, was Ihnen einen freien Nachmittag verschafft, an dem Sie lange Kommentare zu willkürlichen YouTube-Videos verfassen können.

#12 Sagen Sie, dass Sie gerade noch etwas fertig machen

Gib mir noch
zwei Sekunden …

Kommen Sie früh zu dem Meeting und fangen Sie an, E-Mails zu lesen. Wenn Ihr Kollege ankommt, hat er so das Gefühl, dass er in Ihr Büro kommt. Sagen Sie ihm, nachdem Sie ihn warmherzig begrüßt haben, dass Sie gerade noch etwas fertig machen, und bitten Sie ihn, eine Minute zu warten. Wenn Sie sich Extrapunkte holen wollen, bitten Sie ihn, draußen zu warten. Das versetzt Sie in eine Machtposition gegenüber Ihrem Kollegen, die er wahrscheinlich nicht mehr überwinden kann, egal, was er Ihnen entgegenzusetzen hat.

#13 Sagen Sie, dass Sie keine Agenda haben

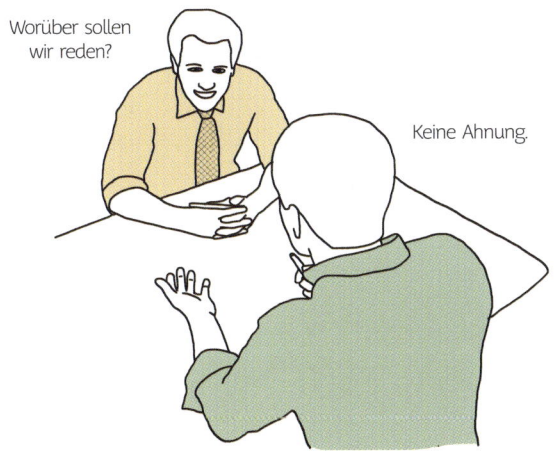

Worüber sollen wir reden?

Keine Ahnung.

Bei wöchentlichen Treffen können Sie Ihren Kollegen einlullen, indem Sie ihm sagen, dass es nichts Bestimmtes gibt, worüber Sie reden wollen. Keine Agenda zu haben, lässt Sie freundlich und nahbar wirken. Dann üben Sie Druck auf ihn aus, sich ein Gesprächsthema einfallen zu lassen, und werden Sie ärgerlich, wenn er keine Vorschläge hat. Schlagen Sie vor, frühzeitig aufzuhören. Wenn das ein paar Wochen hintereinander passiert, schlagen Sie vor, das Meeting ganz zu streichen.

#14 Reagieren Sie auf alles, als wüssten Sie es schon

Richtig, sicher, natürlich.

Reagieren Sie auf alles, was Ihr Kollege sagt, als wäre es ziemlich offensichtlich. Schneiden Sie ihm mit Formulierungen wie »Richtig«, »Sicher«, »Ja, klar«, »Na, das ist ja allgemein bekannt« und »Ach nee?« das Wort ab.

#15 Schlagen Sie ein Meeting »im Gehen« vor

Ich liebe lange »Walk and Talks«.

Wenn Ihr Kollege mit Ihnen reden will, dann kommt es immer gut, ein Meeting »im Gehen« vorzuschlagen. Sagen Sie, dass Sie Meetings im Gehen mögen, weil Ihnen das hilft, einen klaren Kopf zu bekommen, ganz wie Steve Jobs.

#16

Bitten Sie um ein Beispiel, wenn Ihr Kollege ein Thema anspricht

Fällt dir noch ein anderes Beispiel dazu ein?

Wenn Ihr Kollege ein Problem anspricht, dem er sich gegenübersieht, dann bitten Sie ihn um ein spezifisches Beispiel. Dann bitten Sie ihn um ein noch spezifischeres Beispiel. Dann sagen Sie ihm, dass Sie unbedingt mehr als ein Beispiel brauchen, um ein Muster etablieren zu können. Dann schlagen Sie vor, beim nächsten Mal darüber zu reden, wenn er mehr Beispiele hat.

WAS TUN WIR IN EINZELGESPRÄCHEN?

Quelle: TheCooperReview.com

12 % Beten, dass unser Kollege nicht zu weinen anfängt

20 % Versuchen, nicht selber zu weinen

30 % Weinen

90 % So tun, als läge uns etwas an dem Gespräch

96 % Versuchen, 15 Minuten früher Schluss zu machen

52 % Übers Wetter reden

63 % Die Leute hassen, die immer übers Wetter reden

92 % Schlecht über andere Kollegen reden

16 % Von einer Karriere träumen, bei der man »mit den Händen arbeiten« kann

#17 Machen Sie eine offensichtliche Aussage, die unwiderleglich ist

Wenn man seinen Kollegen dazu kriegt, allem zuzustimmen, was man sagt, ist das eine tolle Möglichkeit, schlau zu wirken. Das bewirkt man am besten, indem man etwas sagt, dem er nicht wirklich widersprechen kann. Ein paar tolle Aussagen sind:

- Es ist, wie es ist.
- Wir müssen uns hier schlau anstellen.
- Wir sollten uns auf unsere Prioritäten konzentrieren.
- Wir müssen die richtigen Entscheidungen treffen.
- Wir sollten uns nur um Fakten und Meinungen kümmern.

#18

Sagen Sie, dass alles, was Sie besprechen, vertraulich ist

Ich sollte Ihnen das vielleicht nicht sagen …

Bitten Sie Ihren Kollegen, alles, was Sie sagen, vertraulich zu behandeln, selbst wenn Sie nur über Allgemeingut reden. Dadurch wirkt alles, was Sie sagen, unglaublich wichtig. Das macht es außerdem wahrscheinlicher, dass Ihr Kollege Ihnen etwas mitteilt, was er nicht sollte und was Sie später gegen ihn verwenden können.

#19

Teilen Sie »objektive« Meinungen mit

Objektiv gesehen bin ich die wertvollste Person in diesem Team.

Alle Meinungen sind subjektiv, außer die, die Sie explizit als objektiv kennzeichnen. Wenn Sie einen Satz mit »Objektiv gesehen« anfangen, muss alles, was danach kommt, zu 100 Prozent korrekt in jedem Kontext und unter allen Umständen sein, egal, was Ihr Kollege denkt. Objektiv gesehen sollten Sie alle Ihre Sätze so anfangen.

#20

Führen Sie eine Metakonversation über das Meeting

War das hilfreich?

Zeigen Sie sich bemüht sicherzustellen, dass das Meeting hilfreich, nützlich und hilfreich war. Fragen Sie, wie man das Meeting verbessern könnte, und sagen Sie dann, dass Sie das beim nächsten Mal ausprobieren werden, aber tun Sie es dann nicht.

WAS MAN MIT SEINEM GESICHT MACHT

Es ist wichtig, in einem Meeting eine Fülle von Gesichtsausdrücken abzudecken. Wenn Sie zur richtigen Zeit den richtigen Gesichtsausdruck bringen, stechen Sie damit heraus und erzeugen die Illusion, dass Sie tatsächlich wissen, worum es geht.

Aber manchmal ist es schwierig, den richtigen Gesichtsausdruck zu finden oder einen neuen zu benutzen, den Sie nicht schon hundertmal abgespult haben. Wenn Sie sich in dieser Situation wiederfinden, probieren Sie einen dieser Gesichtsausdrücke aus.

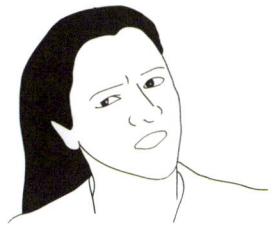

1. Runzeln Sie die Stirn und neigen Sie den Kopf. Dieser Gesichtsausdruck besagt: »Diese Idee klingt bekannt. Oh, richtig, weil Sie sie von unserem Konkurrenten gestohlen haben.«

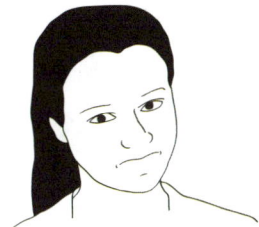

2. Senken Sie das Kinn und ziehen Sie die Lippen ein. Dieser Gesichtsausdruck besagt: »Ich liebe es, wenn Sie mir sagen, wie ich meinen Job machen soll.«

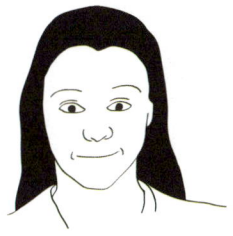

3. Ziehen Sie die Augenbrauen hoch und lächeln Sie. Dieser Gesichtsausdruck besagt: »Hat jemand Muffins mitgebracht?«

4. Sehen Sie müde aus. Dieser Gesichtsausdruck besagt: »Wer zum Teufel setzt ein Meeting für acht Uhr morgens an?«

5. Kneifen Sie leicht die Augen zusammen und runzeln Sie die Stirn ein wenig. Dieser Gesichtsausdruck besagt: »Haben Sie mir gerade schlichtes Leitungswasser angeboten?«

6. Lächeln Sie schlau. Dieser Gesichtsausdruck besagt: »Ja, ich arbeite noch daran.«

7. Schließen Sie die Augen. Dieser Gesichtsausdruck besagt: »Ich höre äußerst aufmerksam zu, ich schwör's.«

8. Stützen Sie Ihr Kinn auf Ihrer Faust ab. Dieser Gesichtsausdruck besagt: »Das ist eine interessante Perspektive, Nathan, erzähl mir mehr.«

9. Ziehen Sie die Augenbrauen hoch und heben Sie den Finger. Dieser Gesichtsausdruck besagt: »Oh, stimmt, wir haben vergessen, diese Entscheidung zu dokumentieren.«

10. Lächeln Sie breit. Dieser Gesichtsausdruck besagt: »Tolle Rede, Chef.«

11. Sehen Sie begeistert aus. Dieser Gesichtsausdruck besagt: »Hey! Fast das 30. Bier!«

12. Lächeln Sie und drehen Sie Ihren Kopf seitwärts. Dieser Gesichtsausdruck besagt: »Hey, hab ich dich nicht gestern im Fitnessstudio gesehen?«

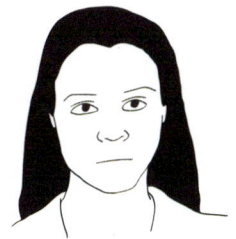

13. Machen Sie Ihr Gesicht völlig ausdruckslos. Das besagt: »Mieseste. Idee. Aller. Zeiten.«

14. Schauen Sie im Raum herum. Dieser Gesichtsausdruck besagt: »Schreibt jemand das mit?«

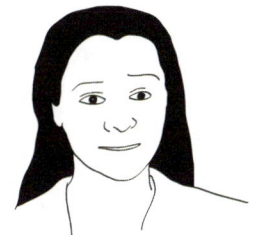

15. Runzeln Sie die Stirn und lächeln Sie. Dieser Gesichtsausdruck besagt: »Noch ein Meeting ansetzen, um darüber zu reden? Klar.«

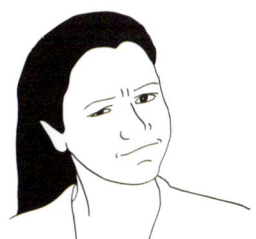

16. Rümpfen Sie die Nase. Dieser Gesichtsausdruck besagt: »War das ein Furz?«

17. Zucken Sie erschreckt zurück. Dieser Gesichtsausdruck besagt: »Hast du gerade mit einem wischfesten Stift auf das Whiteboard geschrieben?«

18. Verleihen Sie sich eine Aura von Überlegenheit. Dieser Gesichtsausdruck besagt: »Meine Präsenz allein erhöht den Wert dieses Meetings.«

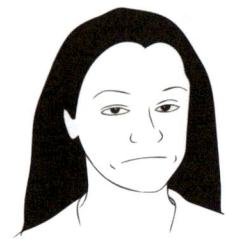

19. Schauen Sie seitlich nach oben. Damit sagen Sie: »Ich kann mich nicht erinnern, dass ich gesagt hätte, ich würde das machen.«

20. Nehmen Sie einen Bissen von Ihrem Salat. Damit sagen Sie: »Ich habe gerade etwas von meinem Salat gegessen, also kann mich niemand etwas fragen.«

21. Lassen Sie Ihr Gesicht einen verlegenen Ausdruck annehmen. Damit sagen Sie: »Ja, wir reden jetzt seit 18 Monaten darüber, diesen Prozess zu optimieren.«

**TELEFON-
KONFERENZEN**

WIE MAN AM TELEFON
SCHLAU KLINGT

Wenn Sie sich von irgendwoher per Anruf in ein Meeting einklinken, können die Leute natürlich nur schwer wissen, dass Sie die letzte halbe Stunde damit verbracht haben, Bilder vom Hund Ihres Cousins auf Facebook anzuschauen. Tatsächlich schreibe ich diese Zeilen jetzt gerade während eines Konferenzanrufs und ich klinge immer noch wie die schlaueste Person im Raum. Warum? Wegen folgender zwölf Tricks.

#21 Fragen Sie, ob alle da sind

Sind alle da?
Ist Erin da? Toby?
Toby, bist du da?

Fragen Sie, ob alle da sind, bevor das Meeting anfängt. Sie können sich sogar eine bestimmte Person aussuchen und fragen, ob sie da ist, und wenn nicht, fragen Sie, ob sie nicht da sein sollte. Nicht nur, dass Ihre Kollegen Ihre Sorgfalt zu schätzen wissen werden, Sie werden so als wirklich sozialer Typ rüberkommen.

#22

Reden Sie über das Wetter und/oder die Zeitzone, in der Sie sind

Hier ist es fünf Uhr morgens und sau-kalt. Wie ist das Wetter bei euch?

Lassen Sie jedermann wissen, von wo aus Sie anrufen, erwähnen Sie das Wetter und fragen Sie, wie das Wetter bei den anderen ist. Reden Sie darüber, wie spät es bei Ihnen ist, besonders wenn Sie in einem Teil der Welt sind, in dem es wirklich erstaunlich ist, dass Sie jetzt wach sind. So wird Ihre Hingabe für die Firma allen deutlich, aber das Beste ist, dass nun alle wissen, dass sie nicht mit Ihrer vollen Teilnahme rechnen können.

#23 Bitten Sie alle, die nicht reden, sich auf stumm zu schalten

Könnt ihr euch bitte auf stumm schalten?

Jedermann hasst Hintergrundgeräusche, aber nur echte Führungspersönlichkeiten trauen sich, sie loszuwerden. Unterbrechen Sie die Person, die gerade redet, und fragen Sie: »Woher kommt der Lärm?« Lassen Sie dem die Bitte folgen: »Könntet ihr euch bitte auf stumm schalten, wenn ihr gerade nicht redet?« So wird der Anruf ruhiger und läuft glatter, und zwar größtenteils wegen Ihrer chefmäßigen Führungsqualitäten.

#24 Unterbrechen Sie das Meeting, um Daten aufzurufen

Machen wir 'ne Sekunde Pause, während ich die Tabelle aufrufe.

Unterbrechen Sie die Konversation, sodass Sie die Daten aufrufen können, und erinnern Sie alle daran, dass man datenbasierte Entscheidungen treffen sollte. Fragen Sie, ob auch alle anderen die Daten sehen. Sobald das alle bestätigt haben, sagen Sie: »Okay, dann können wir weitermachen«, und lesen dann weiter Sportnachrichten oder Promi-News.

#25 Fragen Sie: »Wer spricht?«

Wer spricht da, bitte?

Wenn jemand zu reden anfängt, ohne sich vorzustellen, dann unterbrechen Sie und fragen: »Wer spricht, bitte?«, selbst wenn Sie wissen, wer es ist. Das ist ein toller Trick, wenn Sie wissen, dass Sie wahrscheinlich während dieses Anrufs sonst nichts sagen werden.

#26

Nehmen Sie den Anruf mit irgendeinem »hochmodernen« Gerät an

Ich rufe aus der Zukunft an.

Verkünden Sie, dass Sie sich dem Meeting auf Ihrer neuen Smartwatch oder einem anderen hochmodernen Gerät zuschalten. Ihre Kollegen werden stets beeindruckt sein, dass Sie Neues ausprobieren, weil sie glauben, dass das bedeutet, Sie wüssten mehr über die Zukunft als sie. Entschuldigen Sie sich im Voraus, dass Ihr Anruf wegen Ihrer umwälzenden Experimentierfreude abreißen könnte.

Wenn jemand eine große Zahl erwähnt, formulieren Sie sie als Stadt oder Land

25 000 Kunden? Das ist ungefähr die Größe eines kleinen Dorfs in Saskatchewan.

Wenn jemand eine große Zahl erwähnt, formulieren Sie sie im Maßstab einer Stadt, eines Landes oder eines anderen geografischen Ortes. Wenn Sie nichts parat haben, erfinden Sie einfach eine Bevölkerungszahl. Ihre Kollegen werden von Ihren tiefen Kenntnissen des weltweiten Zensus beeindruckt sein.

#28

Sagen Sie: »Das ist aufregend« oder »Das macht Sinn« oder »Sehr cool«

Danke. Tolle Erkenntnis! Sehr aufregend! Cool!

Da niemand Sie während des Meetings nicken oder lächeln sehen kann, ist es wichtig, dass Sie mindestens alle zwei Minuten etwas einwerfen, damit die Leute wissen, dass Sie da sind und Sie allem, was geredet wird, aufmerksam folgen, obwohl Sie eigentlich Sudoku spielen.

Einige tolle Phrasen, die man benutzen kann, sind: »Danke für diesen Einblick«, »Ja, absolut«, »Darüber werde ich noch etwas nachdenken müssen«, »Interessant«, »Wow« oder »Hmm«.

#29

Schreiben Sie anderen Teilnehmern während des Anrufs Chatnachrichten

Schreiben Sie anderen während des Meetings kurze Chatnachrichten, wie zum Beispiel »Macht das Sinn für dich?«, »Was denkst du darüber?« und »Mein Mittagessen heute war Hashtag bombastisch«. Ihre Kollegen werden von Ihren Multitasking-Fähigkeiten beeindruckt sein.

#30 Schlagen Sie vor, etwas offline zu machen

Warum machen wir das nicht offline?

Wenn Sie keine Ahnung haben, wovon die Rede ist, schlagen Sie vor, es offline zu besprechen. Erinnern Sie alle daran, dass man intensive Diskussionen besser persönlich führt. Wenn jemand fragt, was eine intensive Diskussion ausmacht, dann sagen Sie, dass Sie nicht sicher sind, aber willens, es (offline) zu diskutieren.

#31 Stellen Sie sicher, dass alle die aktuelle Version des Dokuments haben

Ich sehe hier die Version mit den roten Kopfzeilen. Sehen alle die roten Kopfzeilen?

Wenn Sie ein Dokument überarbeiten, sagen Sie: »Ich weiß, dass das ein paarmal überarbeitet worden ist, ich will nur sichergehen, dass wir alle die aktuelle Version sehen.« Alle werden sich überschlagen, um herauszufinden, wie man sicherstellt, dass alle dasselbe sehen, und Ihnen danken, dass Sie darauf hingewiesen haben.

#32

Wenn jemand fragt, ob man alles besprochen hat, sagen Sie: »Ich hatte noch ein paar Gedanken, aber die schreibe ich euch in einer E-Mail«

Ich werde das später weiterverfolgen.

Es ist das Ende des Anrufs und der Organisator will sicherstellen, dass wir über alles gesprochen haben. Das ist ein guter Zeitpunkt, um zu sagen, dass Sie noch ein paar Sachen zu besprechen hätten, diese aber separat erörtern würden. Das vermittelt den Eindruck, dass Sie allen Beteiligten Zeit ersparen, und es wird ohnehin niemand daran denken, Ihre Weiterverfolgung weiterzuverfolgen.

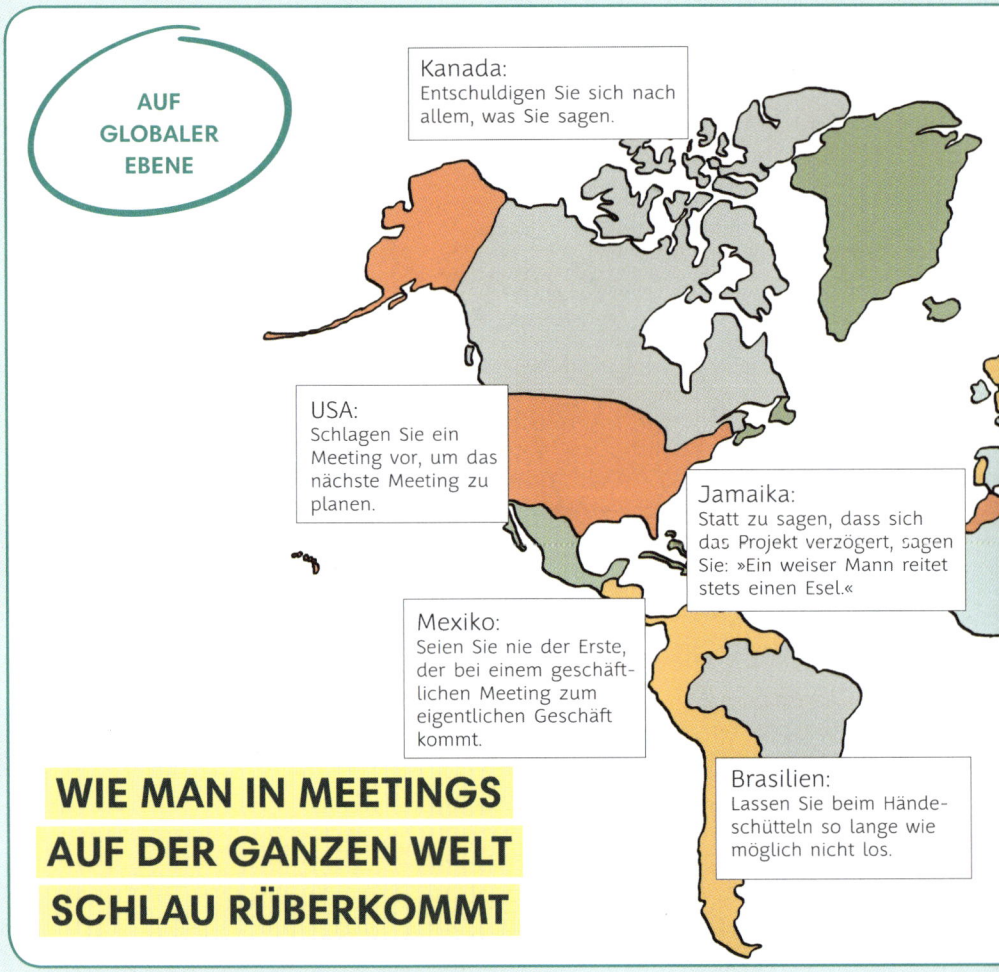

AUF GLOBALER EBENE

Kanada:
Entschuldigen Sie sich nach allem, was Sie sagen.

USA:
Schlagen Sie ein Meeting vor, um das nächste Meeting zu planen.

Jamaika:
Statt zu sagen, dass sich das Projekt verzögert, sagen Sie: »Ein weiser Mann reitet stets einen Esel.«

Mexiko:
Seien Sie nie der Erste, der bei einem geschäftlichen Meeting zum eigentlichen Geschäft kommt.

Brasilien:
Lassen Sie beim Händeschütteln so lange wie möglich nicht los.

WIE MAN IN MEETINGS AUF DER GANZEN WELT SCHLAU RÜBERKOMMT

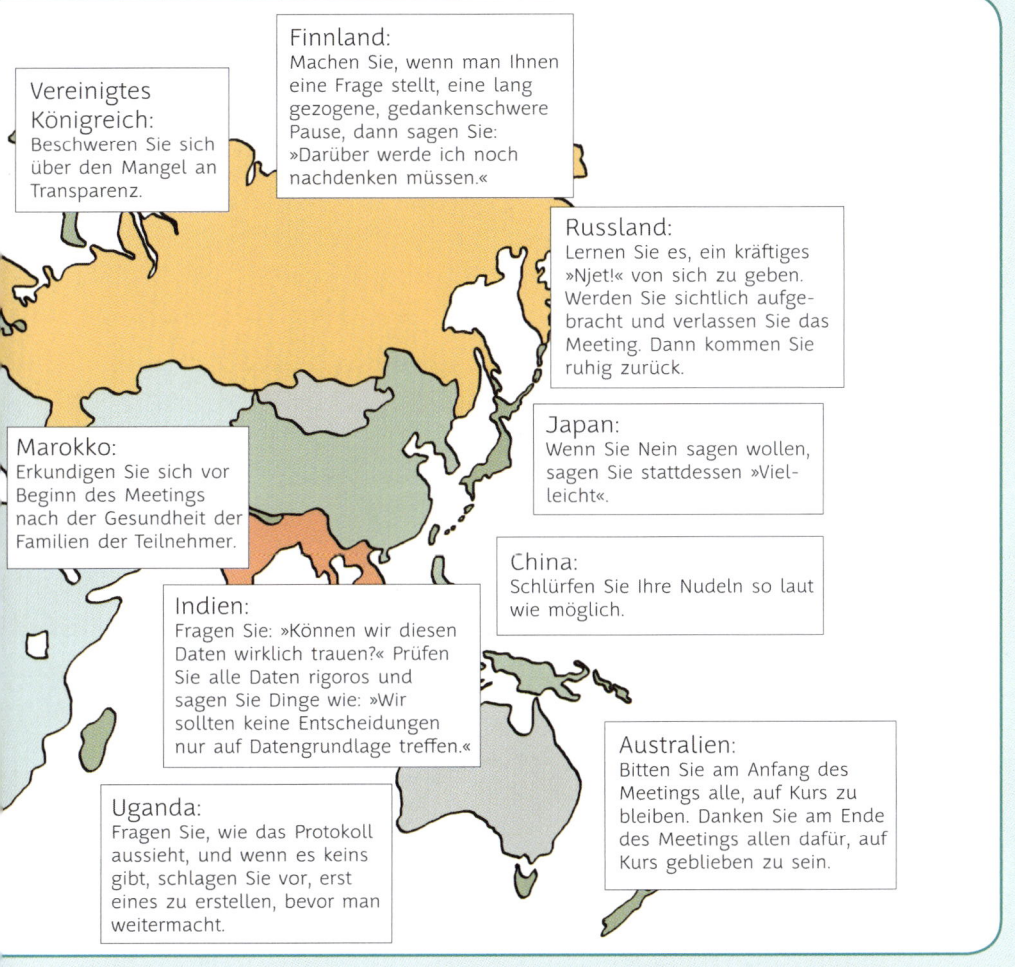

Finnland:
Machen Sie, wenn man Ihnen eine Frage stellt, eine lang gezogene, gedankenschwere Pause, dann sagen Sie: »Darüber werde ich noch nachdenken müssen.«

Vereinigtes Königreich:
Beschweren Sie sich über den Mangel an Transparenz.

Russland:
Lernen Sie es, ein kräftiges »Njet!« von sich zu geben. Werden Sie sichtlich aufgebracht und verlassen Sie das Meeting. Dann kommen Sie ruhig zurück.

Marokko:
Erkundigen Sie sich vor Beginn des Meetings nach der Gesundheit der Familien der Teilnehmer.

Japan:
Wenn Sie Nein sagen wollen, sagen Sie stattdessen »Vielleicht«.

China:
Schlürfen Sie Ihre Nudeln so laut wie möglich.

Indien:
Fragen Sie: »Können wir diesen Daten wirklich trauen?« Prüfen Sie alle Daten rigoros und sagen Sie Dinge wie: »Wir sollten keine Entscheidungen nur auf Datengrundlage treffen.«

Australien:
Bitten Sie am Anfang des Meetings alle, auf Kurs zu bleiben. Danken Sie am Ende des Meetings allen dafür, auf Kurs geblieben zu sein.

Uganda:
Fragen Sie, wie das Protokoll aussieht, und wenn es keins gibt, schlagen Sie vor, erst eines zu erstellen, bevor man weitermacht.

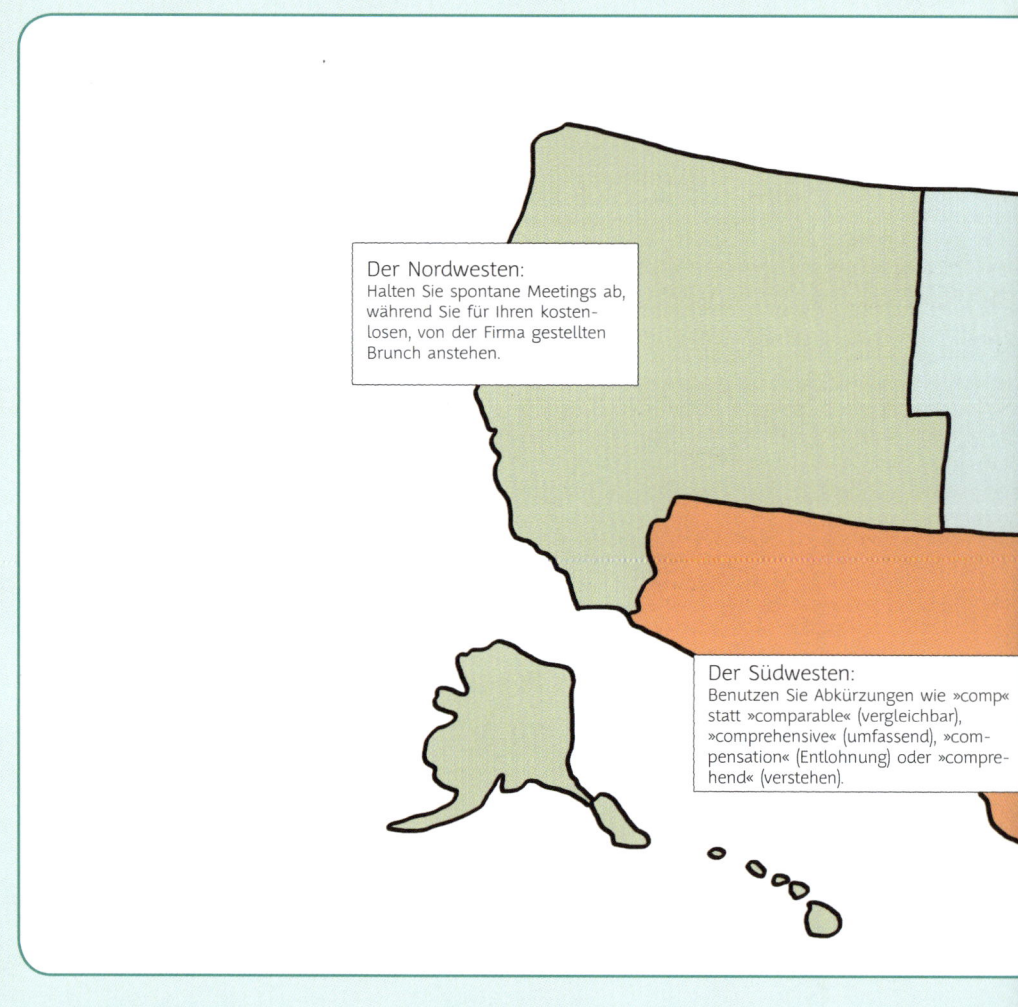

Der Nordwesten:
Halten Sie spontane Meetings ab, während Sie für Ihren kostenlosen, von der Firma gestellten Brunch anstehen.

Der Südwesten:
Benutzen Sie Abkürzungen wie »comp« statt »comparable« (vergleichbar), »comprehensive« (umfassend), »compensation« (Entlohnung) oder »comprehend« (verstehen).

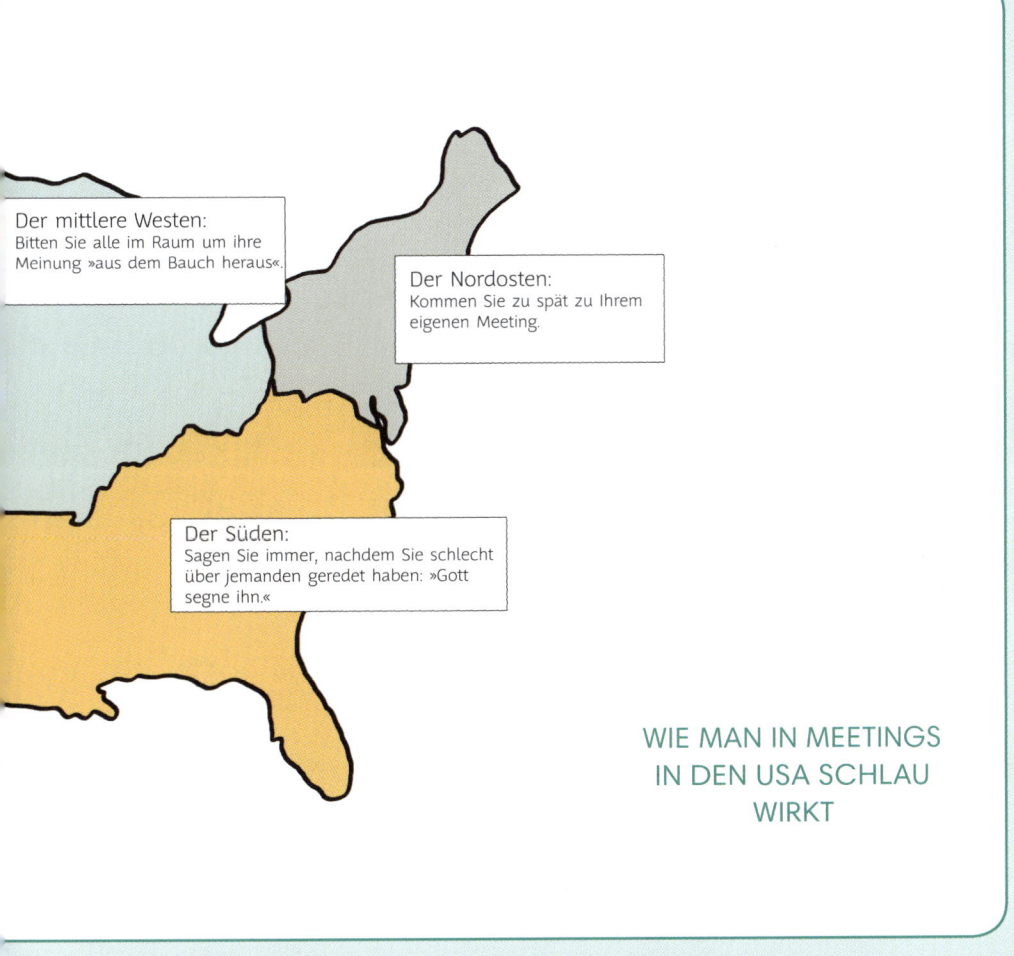

Der mittlere Westen:
Bitten Sie alle im Raum um ihre Meinung »aus dem Bauch heraus«.

Der Nordosten:
Kommen Sie zu spät zu Ihrem eigenen Meeting.

Der Süden:
Sagen Sie immer, nachdem Sie schlecht über jemanden geredet haben: »Gott segne ihn.«

WIE MAN IN MEETINGS
IN DEN USA SCHLAU
WIRKT

TEIL II

ZENTRALE KONVERSATIONSTECHNIKEN

8. Regieanweisung für den Konferenzraum 71

9. Team-Meetings 72

10. Mitmischen 82

11. Spontane Meetings 86

12. Wie man es schafft, dass sich das Meeting weniger wie ein
    Meeting anfühlt, obwohl es nichts weniger als ein Meeting ist 95

13. Präsentationen 98

14. Spickzettel für Meeting-Kauderwelsch 111

15. Brainstorming-Meetings 113

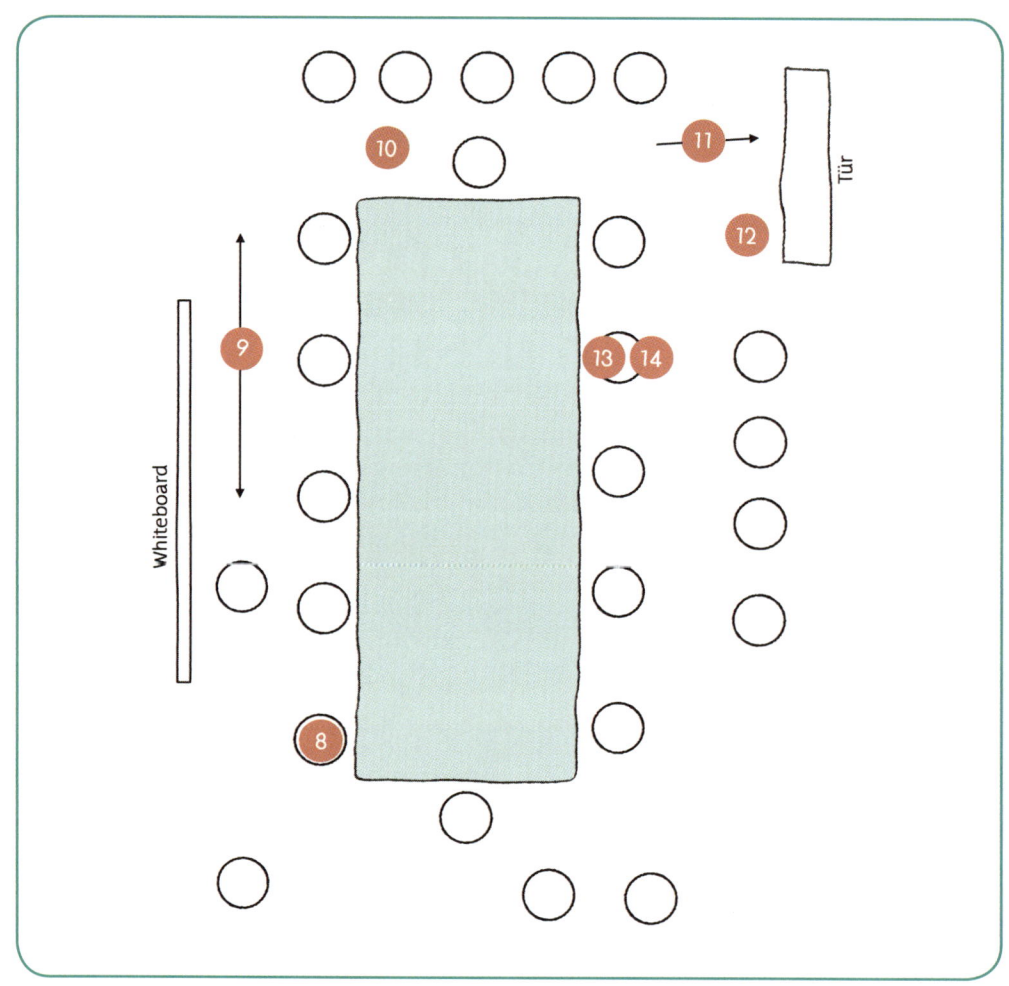

WIE MAN DEN RAUM BEHERRSCHT

Im Hauptteil des Meetings kann man leicht den Fokus verlieren und scheitern. Hier ein paar Tricks, die Sie in Ihre Meeting-Performance einbauen können, damit niemand merkt, dass Sie schon aufgehört haben aufzupassen, bevor Sie auch nur angekommen waren.

8. Nehmen Sie einen Bissen zu essen, um aufmerksam zu wirken, aber auch, damit niemand Sie etwas fragen kann. Schauen Sie nach links und nach rechts, sodass es immer noch so wirkt, als würden Sie sich beteiligen (siehe Plan in Sachen emotionaler Intelligenz ab Seite 46).

9. Stehen Sie auf und fangen Sie an herumzugehen. Wenn Sie zusätzliche Punkte wollen, gehen Sie hinter der Person herum, die das Meeting hält. Das macht alle nervös (siehe Trick Nr. 7)

10. Schauen Sie aus dem Fenster und kehren Sie den Leuten den Rücken zu. Seufzen Sie tief.

11. Gehen Sie raus, um einen Anruf anzunehmen (siehe Trick Nr. 9).

12. Kommen Sie zurück und stellen Sie sich in die Nähe der Tür, als könnten Sie jeden Augenblick wieder gehen.

13. Setzen Sie sich schließlich in einen anderen Stuhl und bringen Sie so alle aus dem Konzept.

14. Stellen Sie laut die Frage, wie der Vorstandsvorsitzende auf diese Situation reagieren würde (siehe Trick Nr. 67).

TEAM-MEETINGS

DIE OPTIK CHEFMÄSSIG GESTALTEN

Ob man es jetzt Stand-up-Meeting, Status-Meeting oder Mitarbeiterversammlung nennt, diese Zeitfresser sind eine unumgängliche tägliche, zweiwöchentliche, wöchentliche, monatliche, vierteljährliche oder jährliche Pflichtveranstaltung, die nie verschwindet, auch wenn sich jedermann längst fragt, warum das noch auf dem Kalender steht.

Wenn Sie es schaffen, in diesen Meetings schlau zu wirken, werden Sie sie vielleicht eines Tages leiten. Das ist der Punkt, an dem Sie aufhören können.

#33

Setzen Sie sich neben die Person, die das Meeting leitet

Setzen Sie sich neben die Person, die das Meeting leitet. Verhalten Sie sich so, als würden Sie die Agenda mit ihr besprechen und ihr zu gegebener Zeit den Rücken stärken. Das gibt dem Rest des Teams das Gefühl, dass Sie an der Leitung des Meetings beteiligt sind. Und wenn die Leute ihre Updates bringen, wirkt es so, als würden sie sie auch Ihnen präsentieren.

#34 Diskutieren Sie den Prozess

Ich frage mich einfach, ob wir den richtigen Prozess nutzen.

Wenn jemand seine Updates bringt, fragen Sie, ob wir hier den richtigen Prozess nutzen. Das wird höchstwahrscheinlich zu einer regen Diskussion darüber führen, welches der richtige Prozess ist, was genau der Punkt ist, an dem Sie darauf hinweisen können, dass es gut wäre, wenn der Prozess klarer wäre. Damit wirken Sie wie ein strategisch denkender, zielgerichteter Team-Player.

#35

Unterbrechen Sie jemanden, der ein Update liefert, und lassen Sie ihn dann weitermachen

Anthony, darf ich dich hier kurz unterbrechen. Leute, Anthony bringt hier ein Update zu unseren vierteljährlichen Zielen und wir sollten alle zuhören. Mach weiter, Anthony.

Wenn jemand im Begriff ist, ein Update zu einem Projekt zu bringen, unterbrechen Sie ihn und lassen Sie jedermann wissen, wie wichtig das Update ist. Bitten Sie dann die Person, weiterzumachen. Damit gewinnen Sie Dominanz über das Meeting. Diese Taktik nennt man auch »den Kanye machen« – nach Kanye West, der bei den MTV Video Music Awards 2009 während Taylor Swifts Dankesrede das Mikro nahm und ihr das Wort abschnitt.

#36 Bitten Sie um einen Zeit-Check

Wie stehen wir zeitlich da?

Erinnern Sie alle daran, die Updates kurz zu halten, weil Sie das Meeting kurz halten wollen. Immer wenn Sie versuchen, das Meeting zu verkürzen, werden Sie wie ein Held dastehen, selbst wenn das zu längeren oder häufigeren Meetings führt. Fragen Sie, wie viel Zeit Sie haben, wenn Sie mit Ihrem Update anfangen. Wenn Sie nur noch fünf Minuten haben, sagen Sie, dass Sie wirklich sechs brauchen und Sie sich Ihr Update deshalb für das nächste Mal aufheben.

DER MEETING-E-MAIL-ZYKLUS

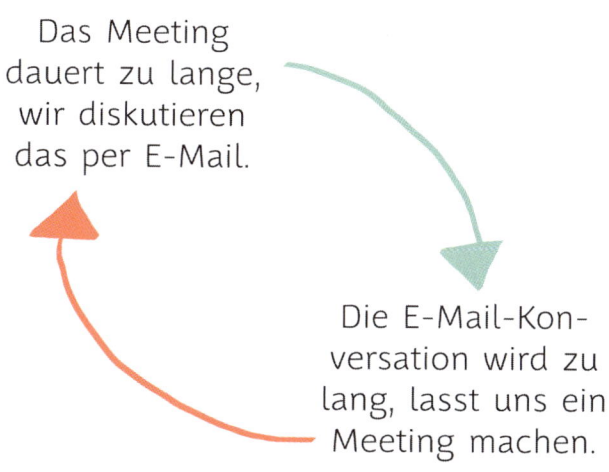

Das Meeting dauert zu lange, wir diskutieren das per E-Mail.

Die E-Mail-Konversation wird zu lang, lasst uns ein Meeting machen.

#37

Benutzen Sie den Pluralis Majestatis, auch wenn Sie nicht involviert sind

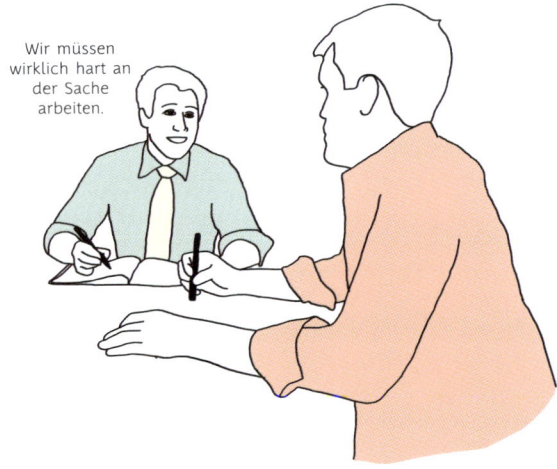

Wenn Sie das Projekt eines anderen besprechen, benutzen Sie stets den Pluralis Majestatis, selbst wenn Sie nichts damit zu tun haben. Sagen Sie Sachen wie: »Wann glaubst du, dass wir damit fertig sein werden?«, »Wir sollten uns wirklich darauf konzentrieren« und »Wow, das haben wir echt versaut, oder?«

#38

Erinnern Sie alle daran, dass wir nur über beschränkte Ressourcen verfügen

Ich möchte alle daran erinnern, dass unsere Ressourcen begrenzt sind.

Wissen bereits alle, dass unsere Ressourcen begrenzt sind? Ja. Stehen Sie trotzdem schlau da, wenn Sie es erwähnen? Absolut.

#39

Wenn Ihnen jemand eine Frage stellt, dann schauen Sie diejenige Person an, von der Sie glauben, dass sie die Antwort weiß

Oft haben Sie keine Ahnung, wie die Antwort auf irgendeine Frage lautet, die gestellt wird. Aber das spielt keine Rolle. Sie können immer noch schlau rüberkommen, indem Sie im Raum herumschauen und diejenige Person ansehen, die alle anderen ansehen, und die dann hoffentlich auch die Antwort auf die Frage parat hat. Wenn niemand die Antwort weiß, machen Sie einen wirklich enttäuschten Eindruck, damit alle wissen, wie sehr die betreffende Person Sie im Stich gelassen hat.

#40

Bitten Sie ein paar Leute dazubleiben und über eine separate Frage zu sprechen, wenn das Meeting zu Ende geht

Margaret, könntest du noch kurz dableiben?

Wenn Sie ein oder zwei Leute bitten, noch ein paar Minuten länger zu bleiben, fragt sich der Rest der Gruppe, was Sie wohl besprechen, warum sie nicht eingeladen wurden und was das für ein hochgeheimes Projekt ist, das Sie da im Ärmel haben. Man wird davon ausgehen, dass es etwas Wichtiges ist, auch wenn Sie nur fragen, ob man nächstes Mal vielleicht Donuts mitbringen sollte.

MITMISCHEN

MEETINGS IN EINER VON MÄNNERN DOMINIERTEN WELT

Wie die meisten Frauen bin auch ich kein Mann. Als arbeitende Frau in der Arbeitswelt bin ich aber ständig von ihnen umgeben. Die Arbeitswelt ist und bleibt eine Männerwelt, von der Regierung über Hightech-Firmen bis hin zur Wurstfabrik. Es ist also entscheidend, dass alle wissen, dass Sie nicht dazu da sind, den Kaffee zu servieren. Hier meine acht Lieblingstricks, um einen von Männern dominierten Arbeitsplatz zu dominieren.

1. BENUTZEN SIE SPORTMETAPHERN

Wenn es eines gibt, was Männer verstehen, dann Sportmetaphern. Wenn jemand etwas gut hingekriegt hat, sagen Sie, dass er drei Punkte heimgebracht hat. Wenn Sie auf die Toilette gehen, sagen Sie, dass Sie mal kurz abtauchen. Mit Sportmetaphern können Sie spielend ins Schwarze treffen und den Ball im Spiel halten, bevor Sie das Handtuch werfen.

2. GEBEN SIE HÄUFIG HIGH FIVES

Sie werden überrascht sein festzustellen, dass High Fives der Grundpfeiler männlicher Gratulationsbezeugungen am Arbeitsplatz sind. Ein gutes High Five ist in fast jeder Situation angemessen – egal, ob man einen tollen Deal gemacht hat, ob es kostenlose Bagels in der Kantine gibt oder man sich nach dem Pinkeln die Hände gewaschen hat. Schlagen Sie hart ein, um Stärke zu bekunden. Achten Sie darauf, dass niemand hinschaut, bevor Sie schmerzhaft zusammenzucken.

3. LERNEN SIE, ÜBER AUTOS ZU REDEN

Die Männer in Ihrem Büro werden früher oder später alle über Autos reden, Sie können sich also genauso gut deren Wissen aneignen, und zwar genau so, wie sie es sich angeeignet haben – indem sie auf www.ferrari.com, www.porsche.com und www.lamborghini.com gegangen sind.

4. MACHEN SIE NIE EINE AUSSAGE, DIE NACH EINER FRAGE KLINGT, SELBST WENN ES EINE FRAGE IST

Die meisten Frauen klingen ständig, als würden sie eine Frage stellen, selbst wenn sie es gar nicht tun. Tun Sie das nicht. Lassen Sie alles, was Sie sagen, wie eine überzeugte Aussage klingen. Es kann passieren, dass Ihr männliches Gegenüber von Ihrem Selbstvertrauen eingeschüchtert ist und Sie meidet, aber man wird Sie sicherlich respektieren.

5. MACHEN SIE IHM KOMPLIMENTE FÜR SEINE SOCKEN

Männer haben im Leben zwei Möglichkeiten, ein modisches Statement zu machen: mit ihrer linken und mit ihrer rechten Socke. Konzentrieren Sie sich also auf seine Füße und überhäufen Sie ihn mit diesbezüglichen Komplimenten. Geben Sie ihm das Gefühl, dass die Hunderte von Stunden, die er darauf verwendet, seine Socken auszusuchen, es wirklich wert sind.

6. WENN MAN SIE BITTET, ETWAS ZU TUN, WEIL »MEHR FRAUEN GEBRAUCHT WERDEN«, TUN SIE ES LACHEND AB

Vielleicht bittet man Sie, eine Präsentation zu machen, zu einem Geschäftsessen zu gehen oder bei einem Event mitzumachen, einfach nur aus dem Grund, »weil wir mehr Frauen brauchen«. Tun Sie solche Herabwürdigungen lachend ab und machen Sie nicht viel Aufhebens darum. Heben Sie sich Ihren Ärger auf, bis Sie mit Ihren Freundinnen zusammen sind, und weinen Sie erst, wenn Sie allein zu Hause im Bett sind, wo niemand Ihre Tränen sehen kann.

7. VERARSCHEN SIE IHREN KOLLEGEN VON ANFANG AN UND IMMER WIEDER

Bestreuen Sie seine Kugelschreibersammlung mit Glitter. Tauschen Sie seinen normalen Kaffee gegen entkoffeinierten aus. Hinterlassen Sie ihm eine Sprachnachricht und sagen Sie ihm in der Stimme Ihres Chefs, dass seine Vergütung im nächsten Quartal wegen Marktfluktuationen signifikant gekürzt wird. Sie finden das vielleicht krass oder unsensibel, aber wenn Sie reinpassen wollen, müssen Sie sofort jegliches Mitgefühl aus Ihrem Herzen tilgen.

8. ZITIEREN SIE DEN *BIG LEBOWSKI*.

Oder *American Fighter*. Oder *Wie ein wilder Stier*. Oder *Stirb langsam*. Oder einen anderen blöden Film, über den er ständig redet.

WIE MAN ÜBERRASCHENDEN MEETINGS WIE EIN NINJA BEGEGNET

Ein überraschendes Meeting kann als »schnelle Frage«, »kleiner Check-up« oder »kurze Unterhaltung« daherkommen, aber diese heimtückischen Attacken fühlen sich eher wie »Gründe, warum Sie heute besser von zu Hause aus gearbeitet hätten« an.

Der Schlüssel, um bei einem spontanen Meeting schlau rüberzukommen, ist, begeistert, offen und aufgeschlossen für alle Diskussionen zu wirken und gleichzeitig jeden Versuch zu unterbinden, ein sinnvolles Gespräch zu führen. So werden die Leute (schnell) zusehen, dass sie weiterkommen, und dabei denken, dass Sie die schlaueste Person auf dem Flur sind.

#41 Tun Sie so, als würden Sie das Meeting begrüßen

Ich habe immer Zeit für dich, Steve.

Hören Sie sofort mit dem auf, was Sie gerade machen, und fragen Sie Ihren Kollegen, wie es ihm geht. Wirken Sie begeistert, ihn zu sehen. So kommen Sie aufgeschlossen und offen rüber. Wenn andere Sie beschreiben, werden sie die Worte »freundlich« und »warm« benutzen.

#42 Machen Sie ein Kompliment

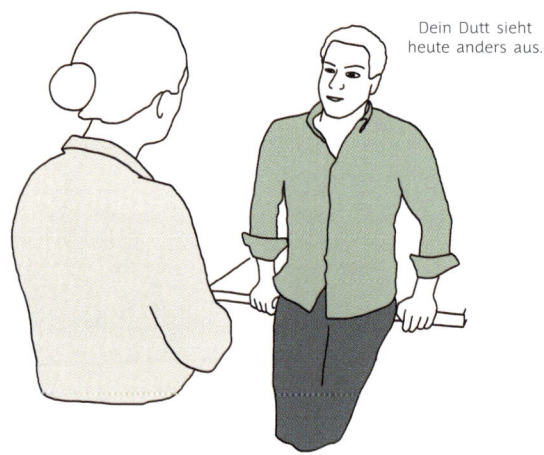

Dein Dutt sieht heute anders aus.

Komplimente zu machen ist eine tolle Möglichkeit, echtes Interesse an einem Kollegen zu mimen, während man gleichzeitig dafür sorgt, dass er sich ein wenig unsicher und seltsam fühlt. Er wird einen Augenblick lang vergessen, warum er überhaupt zu Ihnen gekommen ist, wodurch er desorganisiert wirkt. Im Vergleich dazu werden Sie so dastehen, als hätten Sie tatsächlich alles im Griff.

#43 Fangen Sie mit einer Vollbremsung an

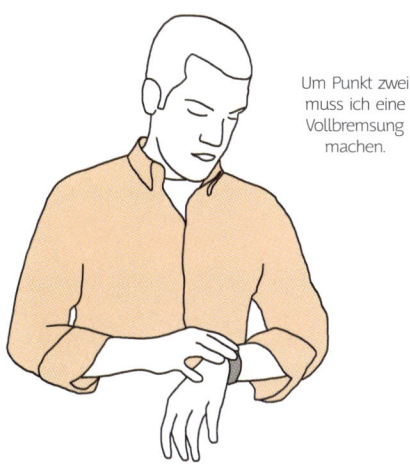

Um Punkt zwei muss ich eine Vollbremsung machen.

Fangen Sie das Gespräch mit einer Vollbremsung an. Dann wird Ihr Kollege denken, dass jede Minute in Ihrem Tagesablauf durchorganisiert ist. Und er wird sich verpflichtet fühlen, schnell zum Punkt zu kommen und Ihnen lieber eine E-Mail zu schicken, wenn er das nicht kann.

#44

Sagen Sie: »Ich muss nur kurz sicherstellen, dass ich jetzt nichts anderes verpasse.«

Weißt du, ich bin der Sklave meines Kalenders.

Natürlich würden Sie sich gern unterhalten, aber Sie müssen einfach sicherstellen, dass Ihnen jetzt nichts anderes durch die Lappen geht. Lassen Sie sich Zeit dabei, Ihren Kalender und die E-Mails auf Ihrem Laptop zu überprüfen. Schauen Sie dann auf Ihr Telefon. Dann auf Ihr Tablet. Gehen Sie dann wieder an Ihren Laptop. Dann sagen Sie, dass es so aussieht, als hätten Sie Zeit, bis etwas anderes daherkommt.

#45 Involvieren Sie jemand anderen in das Gespräch

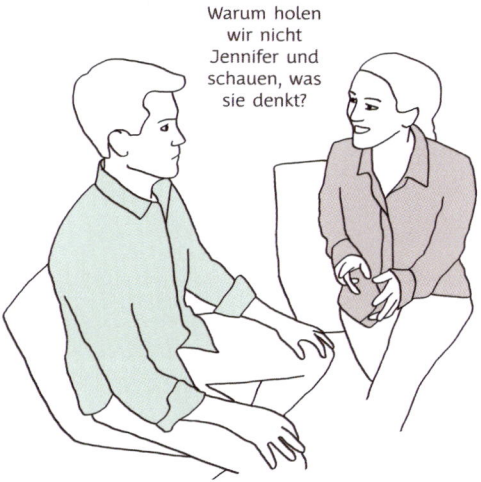

Warum holen wir nicht Jennifer und schauen, was sie denkt?

Wenn Sie jemand anderen in das Gespräch einbeziehen, gibt Ihnen das den Status eines »Brückenbauers« – und es lässt Sie so dastehen, als wüssten Sie, mit wem Sie über was reden müssen. Sobald die dritte Person im Spiel ist, erinnern Sie sich, dass Sie noch ein Meeting haben, und lassen Ihre beiden Kollegen das spontane Meeting ohne Sie weiterführen.

#46

Sagen Sie, dass Sie die Konversation gerne dokumentieren würden

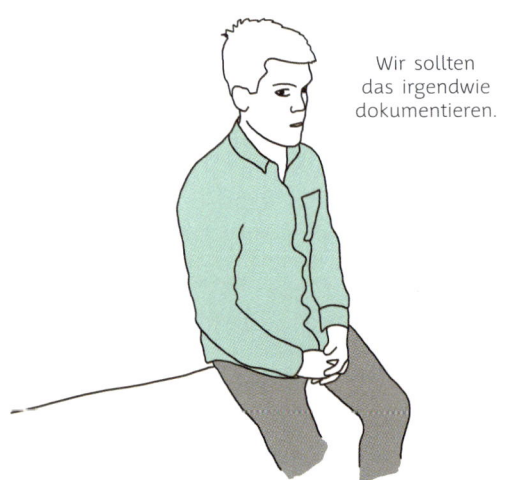

Wir sollten
das irgendwie
dokumentieren.

Wenn Ihr Kollege anfängt, detailliert über ein Projekt zu reden, sagen Sie, dass eine E-Mail vielleicht besser wäre, weil man die Konversation dann dokumentieren kann. Wenn er sagt, dass er Ihnen bereits eine E-Mail dazu geschickt hat, dann bitten Sie ihn, sie noch mal zu senden, weil sie wahrscheinlich untergegangen ist. Verwenden Sie dann fünf Minuten darauf, sich darüber zu beschweren, wie viele E-Mails Sie bekommen und wie viele Leute von Ihnen Input zu so vielen unterschiedlichen Sachen wollen.

#47

Sagen Sie, dass Sie zuhören, obwohl Sie weitertippen

Red weiter, ich hör zu.

Streuen Sie hin und wieder ein paar Ahas und Mhms ein, während Sie willkürlich Worte in ein Dokument tippen. Ihre Multitasking-Fähigkeiten werden beeindrucken.

#48 Bitten Sie, die Daten sehen zu dürfen

Warum schickst du mir nicht die Daten?

Halten Sie sich etwas darauf zugute, dass Sie Entscheidungen auf Datengrundlage treffen, und bitten Sie stets, die Daten sehen zu dürfen, bevor das Gespräch weitergehen kann. Wenn Ihr Kollege die Daten hat, bitten Sie um mehr. Wenn er mehr hat, bitten Sie ihn, sie zusammenzufassen. Wenn er Ihnen dann die Zusammenfassung schickt, sind die Daten bereits nicht mehr aktuell, also bitten Sie um die aktuellsten Daten.

WIE MAN ES SCHAFFT, DASS SICH DAS MEETING WENIGER WIE EIN MEETING ANFÜHLT, OBWOHL ES NICHTS WENIGER ALS EIN MEETING IST

Eine Methode, ein Meeting weniger quälend erscheinen zu lassen, ist es, alles zu tun, um die Leute glauben zu machen, dass es gar kein Meeting ist. Klar, es wissen immer noch alle, dass es ein Meeting ist, aber dieser kleine Trick wird die Leute etwas anderes, Produktives, vielleicht sogar Angenehmes erwarten lassen.

»Aber Sarah«, fragen Sie jetzt vielleicht, »führt das nicht sogar zu einer noch größeren Enttäuschung, wenn die Leute merken, dass es tatsächlich wieder nur ein Meeting ist?« Ja.

Hier drei witzige Tricks, um dafür zu sorgen, dass sich das Meeting nicht so sehr wie ein Meeting anfühlt, obwohl es nichts weniger als ein Meeting ist.

1. NENNEN SIE ES ANDERS

Es ist eine gute Idee, das Wort »Meeting« zu vermeiden, wenn Sie Ihr Meeting ansetzen. Versuchen Sie, Ihr Meeting anders zu nennen, sodass die Leute die Tatsache aus den Augen verlieren, dass es tatsächlich ein Meeting ist. Hier ein paar witzige alternative Bezeichnungen für Ihr Meeting:

- Durcheinander
- Bürozeit
- Stand-up
- Kriegsrat
- Screening
- Fun Time
- Spektakel
- Rallye
- Forum
- Quorum

- Gipfeltreffen
- Erweckung
- Gehirnjogging
- Follow-up
- Kurzschließen
- Nachuntersuchung
- Freitagstreffen
- Teestunde
- Stelldichein
- Teamtreffen

2. GEBEN SIE IHREN KONFERENZRÄUMEN WITZIGE NAMEN

Die Praktik, Konferenzräumen coole Namen zu geben, geht auf das Jahr 1976 zurück, und schon damals hat es nicht funktioniert. Suchen Sie sich einfach ein witziges Motiv für Ihre Konferenzräume aus, und niemand wird jemals merken, dass das der Ort ist, an dem seine Lebensfreude ihren letzten Atemzug tun wird.

Hier ein paar Motive für Konferenzräume, die Sie in Ihrem Büro verwenden können.

- Hohe Ziele, die Sie nie erreichen werden: Singularität, Zeitreise, Der Respekt meines Vaters, Einnahmen

- Genies, die schlauer sind als die meisten Leute, mit denen Sie jemals arbeiten werden: Einstein, Platon, Otto
- Teammqualitäten: Mangel an Einsatz, Vermeidung von Verantwortung, Flucht vor Erfolg
- Eine Wundertüte technischer Modeworte: Gamechanger, Disruption, Uber für Konferenzräume

3. ERFINDEN SIE WITZIGE MEETING-RITUALE

Erfinden Sie witzige Meeting-Rituale und zwingen Sie die Leute, Spaß zu haben. Diese Regeln können sich darauf beziehen, wie Sie das Meeting anfangen, ob Sie sitzen oder stehen oder darauf, wer in dem Meeting das Sagen hat.

- Beginnen Sie das Meeting, indem jeder von seinen Wochenendplänen erzählt.
- Lassen Sie das Meeting jede Woche von jemand anderem leiten.
- Vergeben Sie den »Erfolg der Woche«-Preis.
- Beginnen Sie mit einer dreiminütigen Meditationssitzung.
- Sitzen Sie auf Sitzsäcken statt auf Stühlen.
- Schießen Sie mit einer Spielzeugpistole auf denjenigen, an den Sie eine Frage richten.
- Geben Sie einen »Redestein« herum.
- Beenden Sie das Ganze mit einem speziellen »Team«-Handschlag.

WIE MAN DEN GROSSEN WURF MACHT, OHNE VIEL ZU SAGEN

Der Schlüssel jeder erfolgreichen Präsentation ist es, sich nicht vor seinen Kollegen zum Deppen zu machen. Für manche Leute bedeutet das viel Übung und sorgfältige Vorbereitung. Für Leute, die darauf keine Lust haben, bedeutet es, die folgenden zwölf Tricks zu kennen. Diese subtilen Tricks werden sorgfältig die Tatsache überdecken, wie wenig Sie über die Sache wissen, in der Sie ein Experte sein sollten.

#49 Beginnen Sie mit einer schockierenden Tatsache

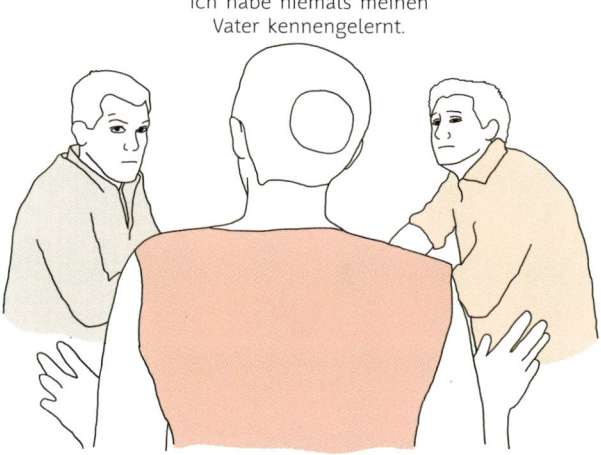

Ich habe niemals meinen Vater kennengelernt.

Fangen Sie Ihre Präsentation wuchtig und einprägsam an, zum Beispiel mit einer persönlichen Geschichte, die Sie gestohlen haben, oder mit einer schockierenden Tatsache, von der niemand wirklich weiß, ob sie stimmt. Das sorgt dafür, dass alle eine oder zwei Minuten lang wirklich aufpassen und dann den Rest der Zeit ihren eigenen Gedanken nachhängen, sodass sie dem Rest Ihrer Ausführungen nicht mehr zuhören.

#50 Halten Sie einen Stift und ein paar Blätter in der Hand

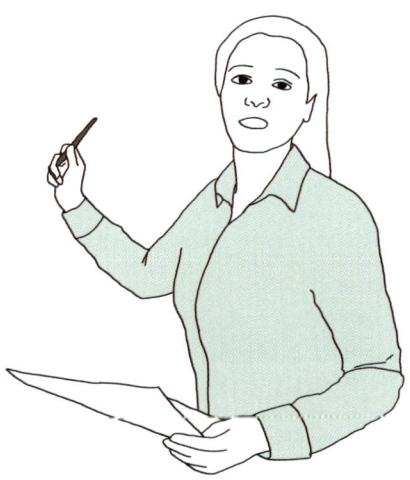

Achten Sie darauf, dass Sie immer etwas in der Hand halten, sei es ein Stift oder ein paar Blätter Papier oder beides. Das sorgt dafür, dass Sie einerseits wirken, als wären Sie wirklich übertrieben gut vorbereitet, und außerdem haben Sie so etwas, was Sie benutzen können, wenn Sie auf etwas zeigen; außerdem wird es damit leichter, einen schnellen Blick auf Ihre »Notizen« zu werfen oder so zu tun, als würden Sie sich Notizen machen.

#51 Stellen Sie Ihr Projekt vor, indem Sie es mit anderen, erfolgreicheren Projekten vergleichen

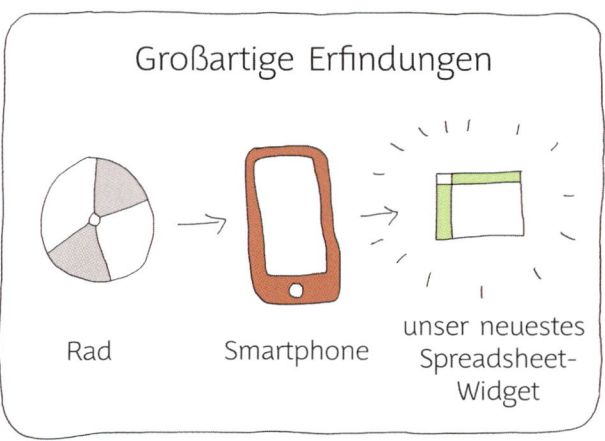

Großartige Erfindungen

Rad → Smartphone → unser neuestes Spreadsheet-Widget

Man kann alles, was man präsentiert, relativ leicht unglaublich wichtig aussehen lassen, indem man es ans Ende einer Liste von erfolgreichen Dingen setzt, die jeder kennt. Reden Sie über das Rad, Elektrizität, den Verbrennungsmotor, das iPhone oder Lieferungen über Nacht. Sagen Sie dann, dass die Sache, über die Sie reden, in der Tradition dieser unglaublichen Erfindungen steht, so als würden Sie das wirklich glauben.

#52

Sagen Sie, dass das Ganze wirklich interaktiv sein soll

Ihr könnt mich jederzeit gern mit euren Gedanken oder Fragen unterbrechen.

Wenn Sie es dem Publikum erlauben, Sie zu jedem beliebigen Zeitpunkt zu unterbrechen, ist das eine effektive Möglichkeit, um vollständig zu vermeiden, dass Sie die Präsentation überhaupt halten müssen. Das ist besonders dann hilfreich, wenn Sie völlig vergessen haben, etwas vorzubereiten, oder es bis zur letzten Minute aufgeschoben haben und dann eingeschlafen sind. Stellen Sie offene Fragen wie: »Worüber wollt ihr etwas hören?«, oder pointiertere wie: »Jenna, was denkst du über unseren Verdienst im letzten Jahr?« Wenn die Leute Ihnen antworten, lehnen Sie sich gegen die Wand und nicken Sie. Schauen Sie sich dann im Raum um und fragen Sie: »Sonst noch jemand?«

#53 Schreiben Sie ein großes Wort auf jede Folie

Leidenschaft

Beim Entwerfen Ihrer Folien schreiben Sie am besten ein großes Wort ins Zentrum jeder Folie. Dieses Wort kann ein weißer Text auf einem dunklen Hintergrund sein, ein schwarzer Text auf einem hellen Hintergrund oder ein weißer Text auf einem halb verschwommenen Bild, das Sie von Google Images geklaut haben. Lesen Sie das Wort laut vor, schauen Sie dann ins Publikum und sagen Sie: »Ich lasse das jetzt erst mal sich setzen.« Wenn die Leute noch nicht völlig überwältigt von Ihrer Intelligenz sind, dann werden sie sich zumindest fragen, warum sie selbst es nicht sind.

#54

Bitten Sie jemand anderen, den Laptop zu bedienen

Ja, also öffne einfach das hier und schau dann mal, wie man es projiziert ...

Wenn Sie jemand anderen bitten, den Laptop zu bedienen, versetzt Sie das sofort in eine Machtposition, in der Sie Dinge wie »Nächste Folie, bitte«, »Geh ein paar Folien zurück« und »Bitte versuch, mit mir mitzuhalten, Janet« sagen können.

Das verschafft Ihnen auch die Freiheit, im Raum herumzugehen, die Hände in die Hüften zu stemmen und jedermann in gespannter Erwartung zu halten, wo Sie als Nächstes hinwandern werden.

#55

Fragen Sie, ob es okay ist, dass Sie weitermachen, bevor Sie weitermachen

Kann ich weitermachen? Bin ich zu schnell? Ist es okay für alle, wenn ich weitermache?

Es gibt nichts Schöneres als ein herablassendes »Ist es okay, wenn ich weitermache?«, um Ihrem Publikum das Gefühl zu geben, ein Haufen Zweitklässler in der Märchenstunde zu sein. Bitten Sie um verbale Bestätigung, dass es okay ist weiterzumachen. Achten Sie darauf, diese Frage an den ganzen Raum zu richten, schauen Sie dabei aber nur eine Person an. Machen Sie dann eine Pause und sagen Sie: »Nächste Folie, bitte.«

#56 Überspringen Sie mehrere Folien

Oh ja, die Folie können wir überspringen. Oh ja, die hier auch. Ja, die hier auch, nein, warte, geh zurück, ja, überspring die.

Schnappen Sie sich mehrere Folien aus alten Präsentationen oder Präsentationen Ihrer Kollegen und setzen Sie sie zwischen Ihren eigenen ein. Dann überspringen Sie sie einfach schnell und sagen: »Ja, die können wir für den Augenblick überspringen«, oder: »Darauf komme ich zurück, wenn Zeit ist.« Ihre Kollegen werden glauben, dass Sie Stunden damit verbracht haben, sich übermäßig auf Ihren Vortrag vorzubereiten.

#57

Sagen Sie: »Das ist eine hervorragende Frage«, bevor Sie jeder Frage ausweichen

Das ist eine tolle Frage. Ich werde später darauf eingehen.

Ganz abgesehen davon, dass es eine tolle Verzögerungstaktik ist, die Ihnen Zeit zum Nachdenken gibt, wie Sie die Frage vermeiden können, lässt es Sie auch wie ein großzügiger Moderator dastehen, wenn Sie der Person, die nachfragt, ein Kompliment machen. Sobald Sie Ihren Kommentar losgeworden sind, dass es eine tolle Frage ist, wird niemand mehr merken, wenn Sie etwas wie »Wenn Sie mir weiter zuhören, wird Ihnen die Antwort klar werden«, »Lassen Sie mich am Ende darauf eingehen« oder »Dem gehen wir dann offline nach« sagen.

#58

Wenn ein Vizepräsident einen Kommentar abgibt, unterbrechen Sie und schreiben Sie diesen auf

Guter Punkt, Todd. Lass mich das kurz aufschreiben.

Wenn ein Vizepräsident oder ein anderer Ranghöherer einen Kommentar abgibt, unterbrechen Sie sofort Ihre Präsentation und schreiben Sie diesen auf. Sagen Sie: »Toller Punkt, Sheila, lass mich das kurz notieren.« Sprechen Sie ihn oder sie, wenn möglich, mit dem Vornamen an, damit alle Leute wissen, dass Sie sich nahestehen.

#59 Setzen Sie sich auf die Tischkante

Ich weiß, dass Doug einer Meinung mit mir ist.

Auf der Kante des Konferenztisches zu sitzen lässt Sie weniger förmlich wirken, ohne dass Sie dadurch Ihre Aura der Überlegenheit verlieren. Versuchen Sie, jemanden beim Namen zu nennen, und sprechen Sie direkt mit ihm. Dann lassen Sie den Blick in die Ferne schweifen, als würden Sie intensiv über etwas nachdenken. Ihr Publikum wird gebannt sein.

#60

Bitten Sie das Publikum, die Schlüsseleinsichten zu formulieren, die es aus Ihrer Präsentation mitnehmen kann

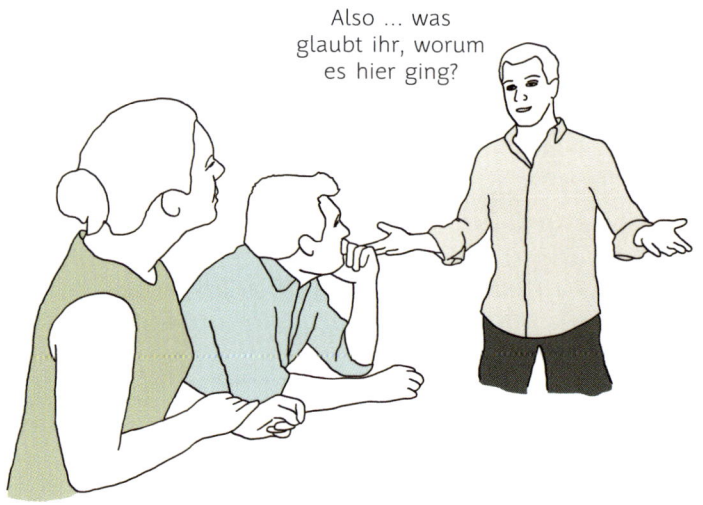

Also ... was glaubt ihr, worum es hier ging?

Jede gute Präsentation endet mit Schlüsseleinsichten, aber ein kluger Redner fragt das Publikum stets, was seiner Meinung nach diese Schlüsseleinsichten sind. Machen Sie sich keine Gedanken um die anfängliche Betretenheit, die das auslöst. Wenn die Stille ohrenbetäubend wird, rufen Sie einfach jemanden auf und tun Sie so, als ob das, was er sagt, brillant ist. Schreiben Sie es sich auf.

DECHIFFRIEREN, WAS DIE LEUTE SAGEN

Das war nicht auf meinem Kalender	=	Das habe ich von meinem Kalender gelöscht
Notiert	=	Schon vergessen
Setzen wir das auf die Tagesordnung	=	Das ist das Dümmste, was ich je gehört habe
Kannst du das wiederholen?	=	Ich hab auf Facebook geschaut
Um auf deinen vorigen Punkt zurückzukommen	=	Ich krieche dir in den Arsch
Nichtsdestoweniger	=	Wir ändern trotzdem nichts
Lasst uns diesen Prozess optimieren	=	Lasst uns ewig darüber reden
Darüber muss man gar nicht erst nachdenken	=	Ich habe keine Lust, darüber nachzudenken

Bestimmt	=	Wahrscheinlich nicht
Kann ich eine kurze Frage dazu stellen?	=	Das wird uns eine Weile beschäftigen
Wir können gerne weiter darüber reden	=	Erwähn das bloß nicht mehr
In diesem Zusammenhang	=	Ich würde gern das Thema wechseln
Danke, dass du das erwähnst	=	Du wirst bereuen, das erwähnt zu haben
Klingt gut	=	Ich hab keine Ahnung, wovon du redest
Tragen wir ein paar Daten dazu zusammen	=	Ich bin mir ziemlich sicher, dass du falsch liegst
Ich versuche mein Bestes	=	Ich mache das absolute Minimum
Kommen wir später darauf zurück	=	Ich kann es nicht mehr hören
Ich mache mir eine Notiz, dem weiter nachzugehen	=	Du wirst nie mehr von mir hören und mich nie wiedersehen

WIE MAN ALS DIE KREATIVE KRAFT IM TEAM WAHRGENOMMEN WIRD

In einem Brainstorming-Meeting kann der Druck, sich unglaubliche neue Ideen einfallen zu lassen, Sie lähmen. Glücklicherweise ist das Letzte, was die meisten Firmen wollen, neue Ideen. Während dieser größtenteils sinnlosen Übungen geht es darum, allein mit der Bedeutung der eigenen Präsenz zu dem Meeting beizutragen, die Ideen anderer Leute wie die eigenen aussehen zu lassen und wie ein echter Anführer auszusehen, indem man die Effizienz des ganzen Prozesses infrage stellt. So dominiert man ein Brainstorming-Meeting, und hier sind zwölf Tipps, um genau das zu tun.

#61

Gehen Sie raus, um Wasser zu holen, und fragen Sie, ob jemand etwas braucht

Braucht jemand etwas? Wasser? Snacks? Kaffee? Tee? Snacks? Tee?

Stehen Sie kurz vor Beginn des Meetings auf und fragen Sie, ob jemand etwas braucht. Die Leute werden Sie für aufmerksam, freundlich und großzügig halten und außerdem können Sie so zehn Minuten verschwinden, ohne dass jemand Fragen stellt. Kommen Sie, selbst wenn niemand etwas braucht, mit Wasser, Limonade und Snacks wieder herein. Ihre Kollegen werden sich verpflichtet fühlen, etwas zu trinken und Snacks zu essen, und Ihre Weitsicht wird sie glauben lassen, dass Sie wirklich in die Zukunft sehen können.

#62

Schnappen Sie sich einen Block mit Klebezetteln und fangen Sie an zu zeichnen

Nehmen Sie sich, wenn Themen neu vorgestellt werden, so einen Block mit gelben Klebezetteln und fangen Sie an, sinnlose Flowcharts zu zeichnen. Ihre Kollegen werden mit besorgtem Interesse zu Ihnen hinüberschauen und sich fragen, wieso Ihnen so viele komplexe Gedanken kommen, bevor Sie auch nur wissen, wofür das Meeting da ist.

#63

Ziehen Sie einen Vergleich, der so simpel ist, dass er tief beeindruckt

Wenn alle versuchen, das Problem zu definieren, ziehen Sie einen Vergleich heran, der überhaupt nichts damit zu tun hat, wie etwa Kuchenbacken oder sonst etwas. Ihre Kollegen werden zustimmend nicken, selbst wenn sie wirklich nicht wissen, wie das, was Sie reden, in Verbindung zu dem steht, worüber sie selbst reden. Einfach über sie hinwegzureden wird Sie wahnsinnig metaphysisch und einschüchternd kreativ aussehen lassen, obwohl die Wahrheit so aussieht, dass Sie einfach nur gern Kuchen mögen.

#64 Fragen Sie, ob wir die richtigen Fragen stellen

Sollten wir nicht fragen, ob diese Frage die richtige Frage ist?

Nichts lässt Sie schlauer wirken, als wenn Sie die Fragen infrage stellen, indem Sie fragen, ob es die richtigen Fragen sind. Wenn jemand darauf reagiert und Sie fragt, was Sie glauben, was die richtigen Fragen sind, dann sagen Sie, dass Sie gerade eine gestellt haben.

#65 Benutzen Sie Redewendungen

Wir versuchen, aus Scheiße Gold zu machen.

Wenn man eine Redewendung benutzt, um eine Sache infrage zu stellen, stellt man sie auf subtile, schlaue Art infrage. Hier ein paar Redewendungen, unter denen Sie wählen können:

- Wir tragen Eulen nach Athen.
- Wir bauen Potemkin'sche Dörfer.
- Sieht so aus, als würden wir versuchen, aus Scheiße Gold zu machen

#66

Entwickeln Sie eine skurrile, »kreative«
Angewohnheit, um »in Schwung zu kommen«

Entwickeln Sie eine schrullige Angewohnheit, die Ihnen »beim Nachdenken hilft«
oder Sie »kreativ in Schwung bringt«. Das kann alles sein, angefangen damit, dass
Sie im Pyjama auftauchen, auf dem Boden meditieren, auf der Stelle joggen, einen
Ball gegen die Wand werfen, mit Ihren Lieblings-Trommelstöcken in der Luft trom-
meln oder alles gleichzeitig. Selbst wenn Ihnen keine Ideen kommen, werden Ihre
Kollegen von Ihrer unkontrollierbaren kreativen Energie eingeschüchtert sein.

WIE MAN STRATEGISCH GESCHICKT KLEINE IDEEN ABSCHIESST

Stellen Sie die Frage, ob eine Idee zu klein ist, sodass Ihre Kollegen Sie als großen Denker und Visionär sehen.

Benutzen Sie eine der folgenden Phrasen:

- Aber welche Sprengkraft hat das?
- Ist das der große Wurf?
- Ist das die Zukunft?
- Ich dachte, das sei gestorben.
- Was bringt das jetzt groß?
- Ich dachte, Apple macht das?

WIE MAN STRATEGISCH GESCHICKT GROSSE IDEEN ABSCHIESST

Stellen Sie die Frage, ob die Idee zu groß ist, sodass Ihre Vorgesetzten sehen, wie wichtig Ihnen die Ressourcen der Firma sind.

Benutzen Sie eine der folgenden Phrasen:

- Hat das nicht zu große Sprengkraft?
- Wie passt das ins Gesamtgefüge?
- Das sieht mir wie der Dreh- und Angelpunkt aus.
- Ist das nicht ein Rohrkrepierer?
- Sprengt das nicht den Rahmen?
- Aber wie würde man das testen?
- Funktioniert das international?

#67

Sagen Sie, wie Ihrer Meinung nach der Vorstandsvorsitzende reagieren würde

Das würde Melissa bestimmt gut gefallen.

Lassen Sie Ihre Kollegen in dem Glauben, Sie hätten eine wirklich enge Beziehung zum Vorstandsvorsitzenden, indem Sie sagen, wie er Ihrer Meinung nach auf eine Idee reagieren würde. Benutzen Sie dabei den Vor- und Zunamen des Vorstandsvorsitzenden, sodass die anderen denken, Sie würden ihn duzen und den Zunamen nur zum besseren Verständnis für die Teilnehmer erwähnen. Sagen Sie, dass Sie darüber bei Ihrem nächsten Kriegsrat mit ihm reden wollen. Gratulieren Sie allen dazu, dass ihnen etwas eingefallen ist, was ihm gefallen würde. Indem Sie sich so eng mit dem Vorstandsvorsitzenden in Verbindung bringen, werden die Leute anfangen, Sie als eine Art Vorstandsvorsitzenden-Trainee zu sehen.

#68

Wenn jemand eine gute Idee hat, sagen Sie, dass Sie dieselbe Idee bereits vor Jahren hatten

Du nimmst mir das Wort aus dem Munde.

Wenn jemand eine Idee hat, die allen zu gefallen scheint, sagen Sie, dass Sie dieselbe Idee schon früher hatten. Damit machen Sie die Idee zu Ihrer eigenen, indem Sie indirekt den Ruhm dafür einheimsen.

#69 Wenn eine Idee Potenzial hat, zweifeln Sie sie an, indem Sie den Advocatus Diaboli spielen

Das klingt nach der perfekten Idee ... aber was, wenn sie es nicht ist?

Wenn eine Idee Potenzial hat und allen zu gefallen scheint, ist das der perfekte Zeitpunkt, um den Advocatus Diaboli zu spielen. Nehmen Sie eine Annahme, von der alle ausgehen, und stellen Sie sie auf den Kopf. Dann sagen Sie, dass Sie nur den Advocatus Diaboli spielen. Ihre Kollegen werden sehen, dass Sie das Problem einfach nur auf einer tieferen Ebene angehen als alle anderen und werden von Ihrer Fähigkeit, noch drei Stunden im Kreis um die Sache herumzureden, beeindruckt sein.

#70

Fragen Sie, ob wir den richtigen Rahmen, die richtige Plattform oder das richtige Modell erstellen

Wir müssen eine Plattform erstellen.

Es wird stets den Anschein haben, dass Sie in größerem Maßstab als alle anderen denken, wenn Sie den Rahmen oder ein Denkmodell erwähnen, in dem man sich bewegen sollte, oder die Frage stellen, wie man daraus eine Plattform kreieren kann. So kann man alle auf der Metaebene verblüffen und die Tatsache überspielen, dass man keine Ahnung hat, wovon alle anderen reden.

#71 Wenn eine Idee allen zu gefallen scheint, rufen Sie: »Liefern wir!«

Liefern wir!

Es kommt der Punkt, an dem alle wirklich begeistert von einer Idee oder einer bestimmten Richtung sind. An diesem Punkt sollten Sie versuchen, der Erste zu sein, der »Liefern wir!« ruft. Klar, das ist lustig und bringt alle zum Lachen, aber gleichzeitig verleiht es Ihnen eine gewisse Autorität, sowohl das Meeting zu beenden als auch eine finale Entscheidung zu treffen, auch wenn beides nicht in Ihrer Macht steht.

#72

Machen Sie Bilder von den Ideen am Ende des Meetings

Bleiben Sie zurück, wenn das Meeting vorbei ist, und machen Sie Bilder vom Whiteboard, der Korktafel, der Schiefertafel und jeder anderen Oberfläche, die irgendwie beschriftet ist. Schicken Sie Ihre Bilder per E-Mail an Ihre Kollegen und danken Sie ihnen für die fruchtbare Diskussion. Dann löschen Sie die Bilder sofort wieder, weil Sie sowieso niemals wieder etwas mit ihnen tun werden. Wirklich niemals.

TEIL III

NÄCHSTE SCHRITTE

16.	Regieanweisung für den Konferenzraum	131
17.	Networking-Events	132
18.	Was man während eines Networking-Events mit seinen Händen macht	144
19.	Teambildung außerhalb	149
20.	Berühmte Meetings in der Geschichte	158
21.	Wirkungsvolle Schachzüge für Fortgeschrittene, dank derer man befördert (oder gefeuert) wird	162
22.	Geschäftsessen	165

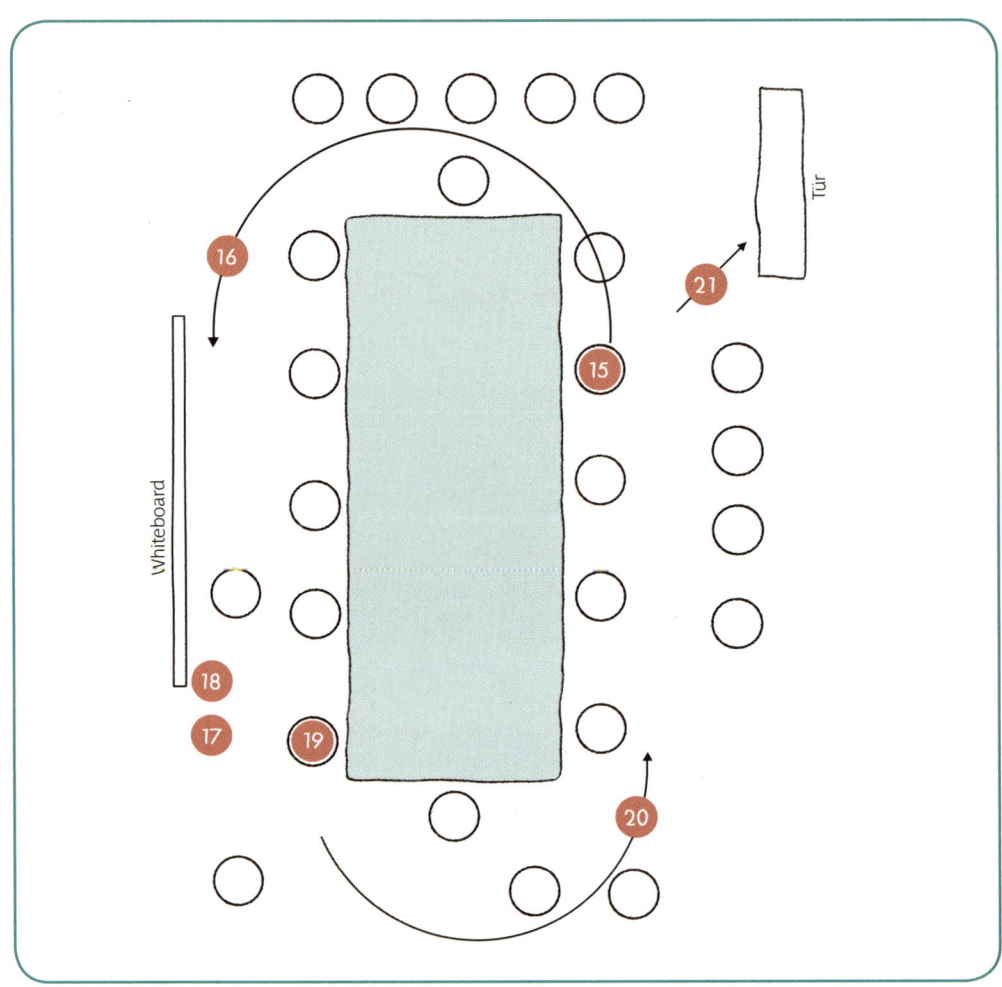

WIE MAN DEN RAUM VERLÄSST

Die letzten 20 Minuten des Meetings sind die entscheidende Zeit, um dafür zu sorgen, dass jeder, der den Raum verlässt, sich an Ihre entscheidenden Beiträge erinnert. Da Sie jedoch nichts beigetragen haben, müssen Sie die Leute davon überzeugen, Sie hätten das getan, indem Sie diese finalen Tricks benutzen, um das Meeting für sich zu entscheiden.

15. Nicken Sie lebhaft, während Sie in Ihr Notizbuch schreiben (siehe Trick Nr. 4).

16. Schreiben Sie »Fahrplan« auf das Whiteboard und zeichnen Sie ein Rechteck darum (siehe Whiteboard-Taktiken ab Seite 29).

17. Lehnen Sie sich gegen die Wand und fragen Sie, ob wir in einem ausreichend großen Maßstab denken.

18. Vergleichen Sie das Thema mit dem Backen eines Kuchens (siehe Trick Nr. 63).

19. Wenn jemand Sie fragt, ob wir alles abgedeckt haben, gehen Sie zurück an Ihren Platz, sagen Sie, dass Sie noch ein paar Ideen hatten, denen Sie aber später nachgehen werden (siehe Trick Nr. 32).

20. Bitten Sie zwei Leute dazubleiben und reden Sie mit ihnen über ein anderes Thema (siehe Trick Nr. 40).

21. Entschuldigen Sie sich und lassen Sie die beiden allein (siehe Trick Nr. 45).

NETWORKING-
EVENTS

WIE MAN VERBINDUNGEN MIT LEUTEN KNÜPFT, DENEN MAN NIE WIEDER BEGEGNEN WIRD

Das Wichtigste, an das man bei einem Networking-Event denken sollte, ist, nicht jedem, den man trifft, ins Gesicht zu schlagen.

Die meisten Leute hassen Networking-Events, aber ich sehe sie als tolle Gelegenheit, mich gegenüber Leuten, die ich noch nie gesehen habe und nie wieder sehen werde, als einflussreich und gut vernetzt darzustellen. Angefangen mit dem Namensschild über Ihren Handschlag bis zum geheuchelten Interesse für das Leben anderer Leute ist jeder Teil eines Networking-Events wichtig.

Denken Sie an die folgenden zehn Tricks, während Sie herumgehen und wünschen, Sie wären an einem beliebigen anderen Ort auf der Welt.

#73

Wenn jemand Sie fragt, was Sie tun, benutzen Sie Wörter wie »firmeneigen«, »Technologie« und »spannend«

Ich arbeite an einer firmeneigenen Hunde-Ausführ-Technologie; das ist sehr spannend.

Verleihen Sie einer langweiligen mündlichen Beschreibung Ihrer Arbeit Würze, indem Sie Wörter wie »firmeneigen« benutzen oder »Technologie« an jeden beliebigen Begriff anhängen. Und denken Sie unbedingt daran zu sagen, wie unglaublich spannend Sie all die spannenden Dinge finden, die Sie tun.

#74 Nehmen Sie Ihr Namensschild ab

Ich halte nicht viel von Namensschildern.

Sie werden stets schlau wirken, wenn Sie sich nicht an die Regeln halten und die Dinge »auf Ihre Art« machen (das heißt so, wie ich Ihnen in diesem Buch sage, dass Sie es machen sollen). Das lässt sich beispielsweise erreichen, indem Sie Ihr Namensschild nicht tragen. Wenn jemand Sie fragt, wo Ihr Namensschild ist, dann sagen Sie, dass Sie nicht an Namensschilder glauben und finden, die Leute sollten einfach miteinander reden. Die Leute werden sich schwer damit tun, Ihnen zu widersprechen.

#75

Wenn jemand etwas erwähnt,
von dem Sie noch nie gehört haben,
tun Sie so, als würden Sie es kennen

Sie kennen also die
Real-Time Updates?

Kennen? Ich liebe
das Zeug!

Nicken Sie stets zustimmend, wenn jemand über eine App, ein Buch oder eine Person redet, von der Sie noch nie gehört haben. Wenn man Sie nach Ihren Erfahrungen mit besagter App/Buch/Person fragt, sagen Sie etwas Originelles darüber, dass Sie sich nicht sicher sind, ob es die richtige Plattform ist, dass das Konzept schwammig war oder Sie fanden, dass die Person einen tollen Händedruck hat. Dann entschuldigen Sie sich, um sich noch einen Drink zu holen, und meiden diese Person für den Rest Ihres Lebens.

#76 Trinken Sie, wenn alle anderen auch trinken

Wenn die Person, mit der Sie sich unterhalten, einen Schluck trinkt, nehmen auch Sie einen Schluck. Das ist ein subtiler Hinweis, mit dem Sie die Leute wissen lassen, dass Sie wirklich dazugehören. Es sorgt obendrein dafür, dass niemand von Ihnen erwartet, die so entstehende Stille zu füllen.

#77

Sagen Sie, dass Sie da sind, um Ihr Netzwerk aufzubauen

Lassen Sie die Leute wissen, dass Sie da sind, um Ihr Netzwerk zu vergrößern. Damit ist klargestellt, dass Sie bereits ein Netzwerk haben und Sie nur da sind, um es noch größer zu machen, als es bereits ist. Benutzen Sie Analogien, die nach Informatik klingen, um Ihre Beziehungen zu beschreiben. Reden Sie über die Knotenpunkte und Verbindungen in Ihrem Netzwerk und darüber, wie Sie eine Brücke zwischen den Firewalls des freien Informationsaustauschs sein wollen.

WAS MAN BEI NETWORKING-EVENTS MACHT

33 %   Allen aus dem Weg gehen

23 %   So tun, als würde man nicht anstehen, um sich mit den wichtigen Leuten unterhalten zu können

85 %   Fragen, warum die Getränke nicht kostenlos sind

45 %   Überkompensieren

99 %   So tun, als hätte man dieses Buch gelesen

82 %   Wünschen, man wäre zu Hause und würde Netflix schauen

90 %   Am Rand einer Gruppe von Leuten stehen, die sich unterhalten und lachen, und sich fragen, wie es sich wohl anfühlt, dazuzugehören

#78

Stellen Sie die Leute einander vor, als sollten sie einander schon kennen

Es freut mich so, dass ich euch beide bekannt machen konnte.

Wenn Sie die Möglichkeit haben, zwei Leute einander vorzustellen, dann machen Sie viel Aufhebens darum, dass die beiden sich noch nicht kannten. Sagen Sie etwas wie: »Ich kann nicht glauben, dass du Devin nicht kennst!«, oder: »Wie kommt es, dass du Allison noch nicht getroffen hast?« Ihre Kollegen werden das unerkärliche Bedürfnis haben, Ihnen für die Vorstellung zu danken, und ihren Freunden gegenüber erwähnen, dass Sie sie vorgestellt haben, und Sie so als den Networking-Gott verehren, der Sie sind.

#79

Wenn jemand Sie um eine Visitenkarte bittet, sagen Sie, dass Sie vielleicht noch eine haben

Oh Mist, kann sein, dass ich alle weggegeben habe.

Erzeugen Sie stets den Anschein, dass Sie möglicherweise gerade Ihre letzte Visitenkarte weggegeben haben, aber finden Sie schließlich doch noch eine. Das wirkt so, als hätten Sie schon eine Menge wichtiges Networking geschafft. Außerdem denkt Ihr Gegenüber, dass die Visitenkarte, die Sie ihm gegeben haben, Ihre letzte war, sodass er vielleicht ein paar Stunden länger wartet, bis er sie wegwirft.

#80 Bitten Sie die Leute, ihre Geschichte zu erzählen

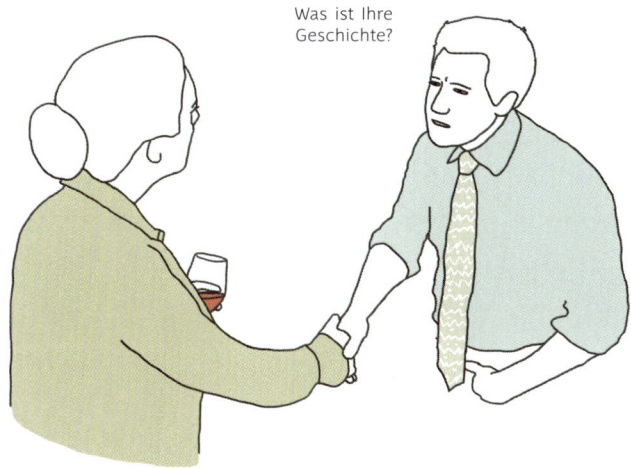

Fragen Sie nie jemanden, was er macht. Bitten Sie ihn stattdessen, Ihnen seine Geschichte zu erzählen. Wenn die Person dann mit dem antwortet, was sie macht, sagen Sie: »Klar, das *machen* Sie, aber das *sind* Sie nicht«, und bitten Sie sie noch mal, ihre Geschichte zu erzählen. Bei dieser Frage wird sie nie wissen, ob sie sie richtig beantwortet, wodurch sie sich dumm fühlt und annimmt, dass Sie der Klügere sind.

#81

Wenn jemand Sie fragt, woran Sie arbeiten, sagen Sie, dass es eher vertraulich ist

Ich würde gern mehr darüber sagen, aber da müssten Sie dann eine Verschwiegenheitsklausel unterschreiben.

Vermeiden Sie es, Details über Ihre Arbeit zu erzählen, indem Sie sagen, Ihr Projekt sei »nicht für die Öffentlichkeit bestimmt«, »unter Verschluss« oder »außerordentlich vertraulich«. Sagen Sie, dass Sie nicht mehr erzählen dürfen, weil Ihr Gegenüber sonst eine Verschwiegenheitsklausel unterschreiben müsste. Je geheimnisvoller Ihre Antwort klingt, desto mächtiger werden Sie erscheinen und desto mehr wird die andere Person glauben, dass Sie an etwas Wichtigem arbeiten und absolut nicht den ganzen Tag damit verbringen, Wikipedia-Artikel über Dinosaurier zu lesen.

#82

Um aus einer Konversation zu fliehen, sagen Sie, dass ein paar Leute auf Sie warten

Ich will meine Leute nicht warten lassen.

Es ist nie leicht, aus einer sinnlosen Konversation zu entkommen, geschweige denn aus 18 sinnlosen Gesprächen pro Stunde. Eine tolle Art, das hinzubekommen, ist, einfach zu sagen, dass Leute auf Sie warten. Die Tatsache, dass Leute auf Sie warten, ist beeindruckend genug, aber wenn Sie dem die Tatsache hinzufügen, dass Sie sie nicht warten lassen wollen, sieht man Sie unweigerlich als eine Art Star der Firmenwelt. Ihre Kollegen werden sich insgeheim fragen, wer wohl auf Sie wartet (Ihr Uber-Taxi).

WAS MAN WÄHREND EINES NETWORKING-EVENTS MIT SEINEN HÄNDEN MACHT

Das größte Handicap, um ein Networking-Event erfolgreich hinter sich bringen zu können, ist ganz klar der Mangel an Dingen, die man mit seinen Händen tun kann. Selbst wenn Sie den interessantesten Jobtitel der Welt haben, wird sich niemand mit Ihnen unterhalten wollen, wenn Sie ziellos mit den Händen herumwedeln. Um diese Katastrophe bei Networking-Events zu vermeiden, probieren Sie eine der folgenden Handaktivitäten aus.

1. Halten Sie lässig einen Drink in der einen Hand. Dann nehmen Sie ihn in die andere. Dann wieder in die eine.

2. Wenn jemand Sie fragt, wie die Drinks sind, benutzen Sie diese Geste.

3. Vergraben Sie die Hände in den Hosentaschen, um die Frage nach Ihrem Beziehungsstatus mit der Aura des Geheimnisvollen zu umgeben.

4. Wenn Sie die Arme verschränken, wissen die Leute, dass Sie nicht leicht zu beeindrucken sind, und außerdem, dass es hier drinnen kühl ist.

5. Rufen Sie den Kellner heran, der die Horsd'œuvres bringt; damit zeigen Sie den Leuten, dass Sie es gewohnt sind, bedient zu werden.

6. Zeigen Sie auf den Hilfskellner und winken Sie, damit die Leute wissen, dass Sie stets freundlich zum Personal sind.

7. Halten Sie schockiert Ihre Hand vor den Mund, wenn Sie erfahren, dass jemand wieder bei seinen Eltern eingezogen ist.

8. Halten Sie Ihre Kreditkarte hoch, damit jeder weiß, dass Sie für diese Drinks Punkte bekommen.

9. Wenn Sie Ihre Jacke im Arm halten, fragen sich die Leute, warum Sie der Garderobenfrau nicht vertrauen.

10. Diese zutiefst introspektive Pose zeigt den Leuten, wie zutiefst introspektiv Sie sind.

11. Verschränken Sie die Hände hinter dem Rücken, während Sie herumgehen und im Stillen alle begutachten.

12. Rücken Sie sorgsam Ihre Brille zurecht, während Sie sich den Businessplan Ihres Gegenübers anhören.

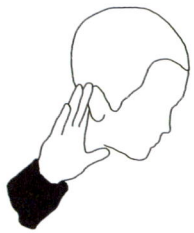

13. Wer hat zwei Daumen und liebt Konferenzen? Der Typ hier.

14. Wenn Sie sich die Augenbrauen ausstreichen, zeigt das, dass Ihnen an Ihrem gepflegten Erscheinungsbild gelegen ist.

15. Benutzen Sie diese Geste, um jemanden dazu zu bringen, die Summe zu wiederholen, mit der sein Start-up gerade finanziert worden ist.

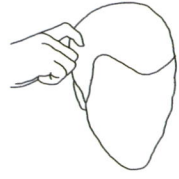

16. Fordern Sie die Person, mit der Sie trinken, spielerisch zu einem Karatekampf heraus und tun Sie so, als ob Sie Karate könnten.

17. Gähnen gilt vielleicht als unhöflich, aber sagen Sie einfach, dass Sie sich die Nacht um die Ohren geschlagen hätten und sich keineswegs zu Tode langweilen.

18. Kratzen Sie sich am Kopf, wenn es niemand seltsam findet, dass sich hier jeder mit dem Titel »Vizepräsident« schmückt.

 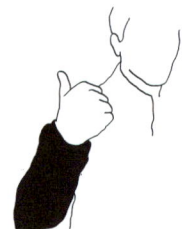 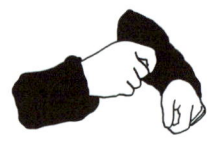

19. Wenn Sie sehen, dass jemand sich nähert, mit dem Sie nicht reden wollen, nehmen Sie einen großen Bissen und zeigen Sie auf Ihren Mund.

20. Lassen Sie alle wissen, dass Sie sich unters Volk mischen, indem Sie lässig mit dem Daumen über die Schulter zeigen.

21. Wenn Sie in der Luft trommeln, zeigen Sie den Leuten, wie musikalisch Sie sich gern geben.

WIE MAN MITGLIED IM CORPORATE CULTURE CLUB WIRD

Um bei einer teambildenden Maßnahme außerhalb der Firma schlau zu wirken, müssen Sie darauf vorbereitet sein, sowohl auf mentaler wie auf physischer Ebene intensiv zu heucheln. Obwohl bei den meisten dieser Events heutzutage nicht mehr die traditionellen Teambildungsmaßnahmen stattfinden, müssen Sie wahrscheinlich immer noch zusammen einen Kupferbolzen zum Schweben bringen, ein Improvisationsspiel spielen oder sonst irgendwie den Anschein erwecken, eine echte Verbindung zu Ihrem Team aufzubauen.

Das bedeutet, dass Sie zeigen müssen, dass Sie gewachsen sind und etwas gelernt haben, dass Sie andere beim Lernen und Wachsen unterstützen und dass Sie sich für die Zukunft noch mehr Lernen und Wachstum wünschen.

#83 Tragen Sie Laufklamotten oder eine Yoga-Hose

Kommen Sie in Ihrem Lauf-, Yoga-, Gewichtheber- oder Tennis-Outfit. Machen Sie ein paar lockere Dehnübungen, bevor die Aktivität anfängt. So werden die Leute glauben, dass Sie im letzten Jahr trainiert haben. Bonus: Wenn Sie nach einer Stunde müde werden, kann man in den Yoga-Klamotten hervorragend ein Nickerchen machen.

#84

Sagen Sie, Sie wünschten, Sie könnten das jeden Tag machen

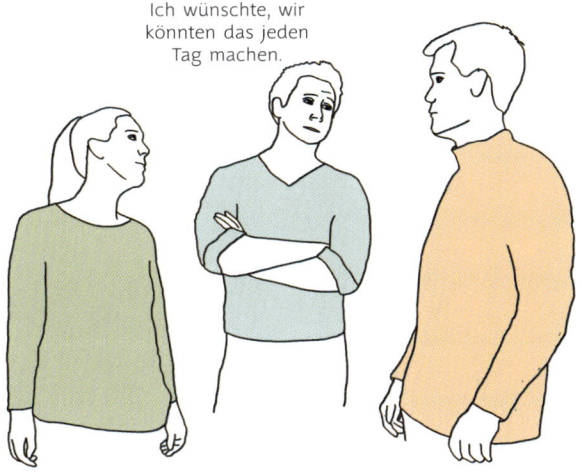

Ich wünschte, wir könnten das jeden Tag machen.

Erwecken Sie den Eindruck, wirklich begeistert davon zu sein, aus dem Büro raus zu sein, auch wenn Sie nur an einem Tisch im Konferenzzimmer eines Hotels sitzen und lieber unter Ihrem Schreibtisch schlafen würden.

#85

Machen Sie eine vage Aussage darüber, wie die Aktivität mit dem in Verbindung steht, woran man als Team arbeitet

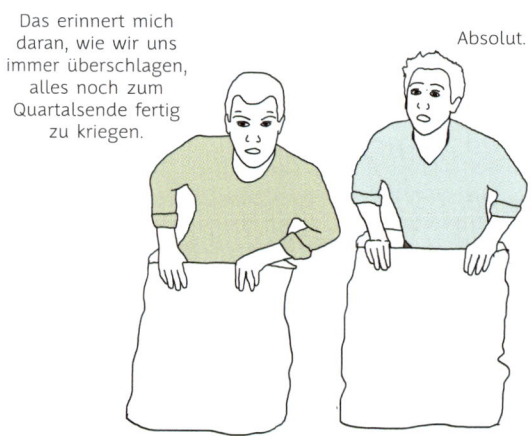

Das erinnert mich daran, wie wir uns immer überschlagen, alles noch zum Quartalsende fertig zu kriegen.

Absolut.

Sie spielen Sackhüpfen? Stellen Sie eine Verbindung dazu her, wie Sie immer intern um dieselben Ressourcen kämpfen. Sie bauen ein menschliches Schutzschild auf? Sagen Sie etwas darüber, dass Sie das Gefühl haben, von Ihrer Firma nicht beschützt zu werden. Sie sollen ein mathematisches Rätsel lösen? Sagen Sie, wie sehr Sie Mathe hassen. Wenn Sie jede dumpfe Aktivität irgendwie mit dem Team in Verbindung bringen, kommen Sie hochabstrakt rüber.

#86

Stellen Sie die Frage, wie Sie diese Aktivitäten in Ihr Team-Meeting integrieren können

Ich hoffe, wir können diese Ideale in unsere täglichen Stand-ups einbauen.

Geben Sie einen Kommentar ab, wie viel Spaß das macht und wie gut alle zusammenarbeiten. Fragen Sie dann: »Wie können wir das auf täglicher Basis einbeziehen?« Sagen Sie, dass das eine rhetorische Frage ist, von der Sie sich wünschen würden, dass alle künftig darüber nachdenken.

#87 Machine Sie einen »Energie-Check«

Wie sieht es mit eurem Energielevel aus?

Fragen Sie nach dem Mittagessen, wie es mit dem Energielevel der Leute aussieht, und bieten Sie an, den Energiespiegel zu managen. Lassen Sie alle wissen, wie wichtig es ist, dass eine gute Energie herrscht, und sagen Sie, dass man unbedingt irgendeine energetisierende Übung machen sollte.

#88 Jubeln Sie willkürlich

Woo hoo!
Vorwärts,
Team!

Rufen Sie hin und wieder »Woo hoo!« oder »Vorwärts, Team!« oder beides. Ihr Enthusiasmus lässt Sie wie ein echter Team-Player aussehen.

#89

Sagen Sie, dass Sie Ihre Arbeitskollegen wirklich mögen, als wäre es eine große Offenbarung

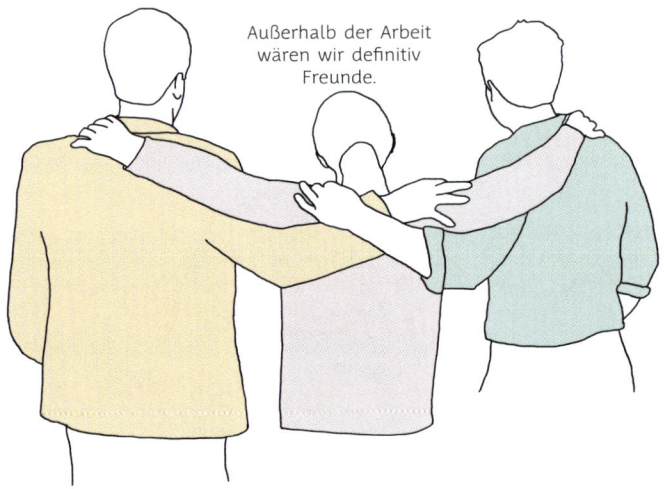

Außerhalb der Arbeit wären wir definitiv Freunde.

Tun Sie so, als würden Sie Ihre Kollegen zum ersten Mal sehen, bevor Sie wussten, wie irritierend passiv-aggressiv sie im Arbeitsalltag sein würden. Sagen Sie Ihnen, wie sehr Sie sie wirklich mögen und was für ein Glück Sie haben, mit Leuten, die so cool sind, arbeiten zu dürfen. Dadurch haben Ihre Kollegen das Gefühl, etwas Besonderes zu sein, so, als ob sie Ihnen wirklich am Herzen lägen.

#90

Fordern Sie ein Gruppen-High-Five

Wenn das Event vorbei ist, fordern Sie eine Team-Umarmung oder ein Gruppen-High-Five. Dann sagen Sie, wie beeindruckt Sie von der Organisation waren, und bitten um eine Runde Applaus für den Organisator. Damit stellen Sie sicher, dass derjenige, der dieses Event organisiert hat, auch das nächste aufgedrückt bekommt und Sie sich nicht darum kümmern müssen.

BERÜHMTE MEETINGS IN DER GESCHICHTE

Was können wir von den berühmtesten Meetings, die je in der Geschichte stattgefunden haben, über Meetings lernen? Benutzen Sie diese goldenen Brocken, um Ihr Team zum Erfolg zu schubsen, und Ihre Fähigkeit, schlau zu erscheinen, wird über Zeit und Raum hinausweisen.

Die Pyramiden
2530 v. Chr.

Können Sie sich vorstellen, ein Projekt zu bearbeiten, ohne in der Gegenwart irgendwelche Erfolgskriterien verfolgen zu können? Genau das haben die alten Ägypter getan. Ihre Fähigkeit, Projekte in Angriff zu nehmen, die sich über Hunderte von Jahren erstreckten, kann uns eine Menge über Quartalsplanung lehren.

Das Trojanische Pferd
1190 v. Chr.

Wenn nichts anderes funktionierte, taten die Griechen so, als würden sie aufgeben, versteckten sich aber in Wirklichkeit in einem riesigen hölzernen Pferd. Natürlich hielten alle diese Idee für total verrückt – und wenn sie nicht funktioniert hätte, hätte mit Sicherheit jemand seinen Job verloren.

Das Letzte Abendmahl
Mittwoch, 1. April 33 n. Chr.

Sie glauben, Sie wären der Einzige, der mitten in der Woche ein obligatorisches Geschäftsessen absolvieren muss? Jesus war seinerzeit der Vizepräsident und holte sich von seinem Vorstandsvorsitzenden die Genehmigung für ein üppiges Abendessen ein. Kurz darauf erhielt er die höchstmögliche Beförderung.

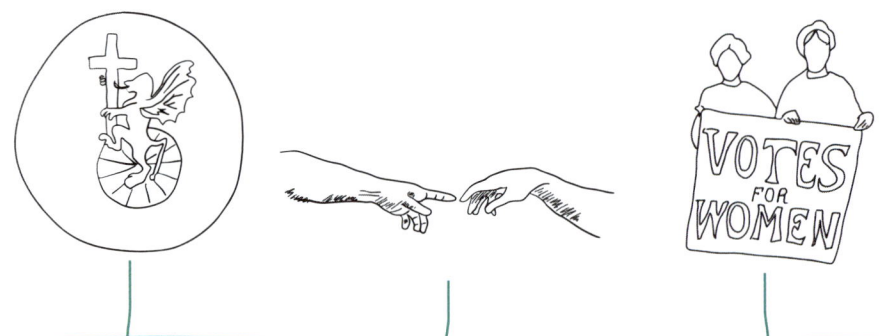

Die Ritter der Tafelrunde
450 n. Chr.

Die Tafel von König Arthur war rund, weil alle gleich mächtig waren. Das Silicon Valley fängt gerade erst an mit der Holokratie, aber gleichmäßige Machtverteilung gab es schon lange vorher und ihre taktischen Meetings waren, der Legende nach, unglaublich effizient.

Sixtinische Kapelle
10. Mai 1508

Es ist schwierig, heutzutage gute Fremdfirmen zu finden. Und es war auch damals im Jahr 1508 schon schwierig. Es dauerte sieben Jahre, Michelangelo dazu zu bringen, den Vertrag zu unterschreiben, und dann brauchte er weitere elf Jahre, um das Projekt abzuschließen. Zum Glück konnte er konstante Statusmeldungen abliefern, sodass alle auf das große Bild konzentriert blieben.

Frauenwahlrecht
1756

Endlich durfte eine Frau, Lydia Taft, bei der Bürgerversammlung in Uxbridge, Massachusetts, ihre Stimme abgeben. Das war der erste Sieg für Frauen in Meetings, und jetzt werden Frauen in Meetings rund um den Globus ermutigt, den Mund aufzumachen, solange sie lächeln und mit allem einverstanden sind.

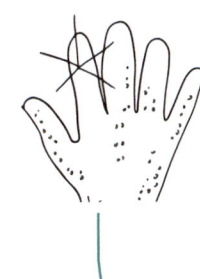

Zweiter Kontinental-kongress
1776

Niemand in dieser provisori-schen Regierung hatte wirk-lich die Macht, irgendetwas zu tun, aber sie machten es einfach trotzdem. Es war das erste bekannte Beispiel für ein Team, das beschloss, sich später zu entschuldigen, statt vorher um Erlaubnis zu fra-gen, und damit die Vorausset-zungen für Googles »20-Pro-zent-Zeit-Modell« schuf, das Mitarbeiter ermutigt zu tun, wozu sie Lust haben – solange es nicht innerhalb ihrer 60-Stunden-Woche passiert.

Treffen der Fünf Familien
1931

Beim ersten Treffen der New Yorker Fünf Familien wurde eine Konsensregel innerhalb der Mafia aufgestellt; das war mit Sicherheit ein früher Vor-gänger der heutigen Pay-Pal-Mafia. Die wirklichen Hel-den waren aber diejenigen, die für die Terminplanung zuständig waren. Einen Abend zu finden, an dem jeder die-ser Mafiosi Zeit hatte, war ein logistischer Albtraum, der zehnmal schlimmer war als jede Leiche, die in einem Fluss treibt.

Aufnahme von »We are the World«
28. Januar 1985

Wenn Sie noch nie eine Nacht mit Kollegen durchmachen mussten, die sich als »Rockstars« bezeichnen, haben Sie vielleicht keine Vorstellung davon, wie die Aufnahme von »We are the World« abgelaufen sein muss. Zum Glück gaben bei diesem Gruppenprojekt alle Beteilig-ten ihr Ego an der Garderobe ab (weil an der Tür ein Schild stand: »Egos an der Garderobe abgeben«).

WIRKUNGSVOLLE SCHACHZÜGE FÜR FORTGESCHRITTENE, DANK DERER MAN BEFÖRDERT (ODER GEFEUERT) WIRD

Einige wenige von Ihnen haben es wahrscheinlich schon mal geschafft, in Meetings schlau rüberzukommen, und sind deshalb schon häufig befördert worden. Das gilt für die meisten leitenden Angestellten in der Mitte ihrer Karriere, die nachweislich mehr als 15 000 Stunden in Meetings verbracht haben. Aber was ist mit den nächsten 15 000 Stunden? Dafür brauchen Sie ein paar fortgeschrittene Taktiken.

Lassen Sie sich von den folgenden (unbestätigten) Geschichten unerschrockener Meeting-Brillanz inspirieren, die von den mächtigsten Führungspersönlichkeiten der Geschäftswelt dargeboten wurde.

TELEFONKONFERENZ BEIM FALLSCHIRMSPRINGEN

Im Sommer 2012 hielt ein bekannter Hightech-Manager eine Präsentation von einem Hubschrauber aus ab, der über dem Kongresszentrum schwebte, in dem seine Firma ein wichtiges Meeting abhielt. Dann sprang er ab – und stellte damit jede andere Videokonferenz in der Geschichte in den Schatten.

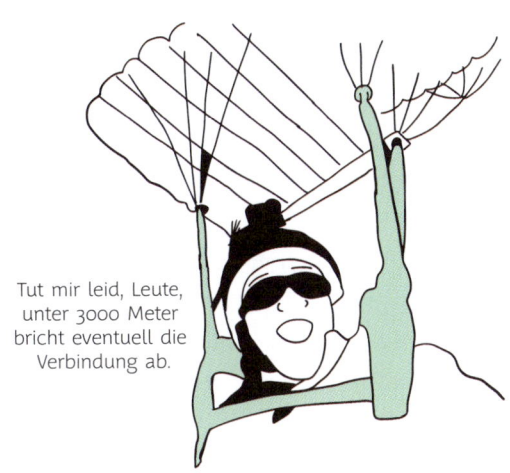

Tut mir leid, Leute, unter 3000 Meter bricht eventuell die Verbindung ab.

MEETING BEIM MITTAGESSEN, NUR DASS SIE DER EINZIGE SIND, DER ETWAS ZU ESSEN BEKOMMT

Ein gewisser Manager aus San Francisco nimmt nie an Meetings im Büro teil. Stattdessen lädt er sein Team in sein Haus mit Meerblick ein, wo sich alle in seinem riesigen Esszimmer an den Tisch setzen. Ihm wird von seinem persönlichen Küchenchef eine Mahlzeit serviert, während die anderen ihre Wochenberichte abliefern und mit leerem Magen heimgehen.

BRINGEN SIE IHRE MASSEURIN MIT

Ein anderer bekannter Hightech-Manager ist dafür bekannt, dass er sich während Meetings massieren lässt, weil es seiner Aussage nach den »Prozess organischer Entscheidungsfindung« fördert. Er bringt seine Masseurin mit, die seinen Massagesessel mitbringt, und gibt dann seine »Uh-huhs« und »Mm-hmms« von sich, während die Knoten in seinem Nacken wegmassiert werden.

SETZEN SIE EIN INTENSIVES MEHRTAGES-MEETING AN

Welches Problem könnte nicht gelöst werden, indem man den ganzen Tag, jeden Tag, fünf Tage hintereinander in einem Konferenzraum zusammensitzt? Machen Sie sich dafür stark, dass dies ein großartiger Weg ist, um notwendige große Ideen, die Teamdynamik oder einen Produkt-Relaunch in Angriff zu nehmen. Bringen Sie dann jemand anderen dazu, es zu planen und durchzuführen, indem Sie ihm eine Beförderung am Ende des Quartals in Aussicht stellen (aber lassen Sie es sich trotzdem als Verdienst anrechnen, dass Sie die Idee dazu hatten).

Vergessen Sie nicht, dass es einen direkten Zusammenhang gibt zwischen schwachsinnigem Verhalten in Meetings und der Meinung anderer darüber, wie schlau Sie sind. Probieren Sie diese taktischen Möglichkeiten aber nur aus, wenn die Gefahr gering ist, dass man Sie feuert (zum Beispiel, weil Sie der Vorstandsvorsitzende sind oder ein ziemlich wichtiger Zeuge in einem laufenden Verfahren wegen sexueller Belästigung).

WIE MAN IN GEZWUNGENEN GESELLSCHAFTLICHEN SITUATIONEN SCHLAU RÜBERKOMMT

Wenn ein Geschäftsessen in Ihrem Kalender steht, bedeutet das, dass Sie auf dem besten Weg sind, eine sehr wichtige Person zu werden. Nicht nur, dass Sie Ihren Kollegen sagen können, dass Sie heute früher gehen, weil Sie noch zu einem Geschäftsessen müssen, Sie können auch Ihrer Familie sagen, dass Sie wegen eines Geschäftsessens nicht nach Hause kommen, und Sie können Ihrer Mutter sagen: »Tut mir leid, Mama, ich bin bei einem Geschäftsessen.«

Wenn Sie dann jedoch beim Geschäftsessen sind, müssen Sie alles nur Erdenkliche tun, um sicherzustellen, dass niemand merkt, dass man Sie wahrscheinlich besser nicht eingeladen hätte.

GESPRÄCHSTHEMEN BEI GESCHÄFTSESSEN

Quelle: TheCooperReview.com

THEMEN, ÜBER DIE MAN SPRECHEN DARF

Leonard Cohen

Ihre Mastermind-Gruppe

Meditation

Hebammen zur Geburts-vorbereitung und -nachsorge

Broadway

Wie man Ente zubereitet

Die Bedeutung von Storytelling

Die Fernsehserie *The Real House-wives of New York City*

Ihre Liebe zu Grünkohl

Ihr Triathlon-Training

SpaceX

Humanitäre Missionen

Die Zukunft der Technologie

Porchetta

THEMEN, DIE MAN MEIDEN SOLLTE

Toastmaster Rhetorikklubs

Ein radikaler Verfechter von irgendetwas zu sein

Ihre »Experimente«

Ihr Lieblingsgewehr

Alien-Verschwörungstheorien

Ihre Kinderwunschbehandlung

Die Fernsehserie *The Real House-wives of New Jersey*

Die Karriere, von der Sie träumen

Die letzte Verhaftung Ihres pubertären Sohnes

Körperfunktionen

Schinkenspeck

#91

Bringen Sie Ihre Laptop-Tasche mit

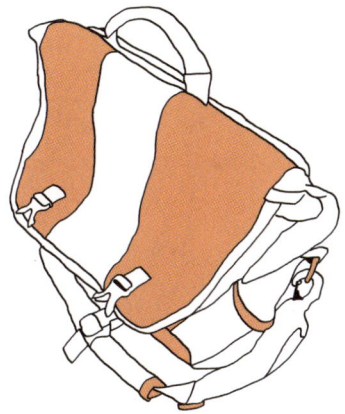

Bringen Sie immer Ihre Laptop-Tasche zu Geschäftsessen mit. Ihr Laptop muss eigentlich gar nicht in der Tasche sein; die Tasche dabeizuhaben erweckt aber den Eindruck, dass Sie gleich nach dem Essen nach Hause fahren werden, um weiterzuarbeiten.

#92

Flüstern Sie der Person, die neben Ihnen sitzt, etwas ins Ohr und lachen Sie dann

Marks Hosenstall war heute den ganzen Tag offen.

Beugen Sie sich zu der Person, die neben Ihnen sitzt, und sagen Sie ihr etwas ins Ohr; das kann alles Mögliche sein von »Ganz schön kalt hier drinnen, oder?« über »Wo sind die Grissinis?« bis hin zu »Wissen Sie, wann das Ganze hier vorbei ist?«. Egal, was Sie sagen, es wird aussehen, als ob Sie etwas Geheimnisvolles oder Wichtiges zu besprechen hätten.

#93

Bitten Sie den Kellner um eine Empfehlung und bestellen Sie dann etwas, was nicht auf der Karte steht

Wenn Sie um eine Empfehlung bitten, wirken Sie schlau. Diese dann komplett zu ignorieren, sodass sich alle fragen, warum Sie sich überhaupt die Mühe gemacht haben, um eine Empfehlung zu bitten, lässt Sie wie ein Vorstandsvorsitzender aussehen.

#94 Bestellen Sie einen Drink

Je nachdem, was für einen Drink Sie sich bestellen, gibt es mehrere Möglichkeiten, schlau rüberzukommen.

Fragen Sie, wenn Sie ein Glas Wein bestellen, wann die Flasche geöffnet worden ist. Damit erzeugen Sie den Anschein, dass Ihnen Qualität sehr wichtig ist.

Wenn Sie einen speziellen Cocktail bestellen, bestellen Sie etwas Exotisches, von dem noch nie jemand gehört hat. Damit wirken Sie wie ein echter Pionier.

Wenn Sie Bier bestellen, bestellen Sie eines, das so schwarz ist wie die Seele Ihres Vorstandsvorsitzenden, falls das überhaupt möglich ist.

Wenn Sie Wasser bestellen, schauen Sie den Kellner missbilligend an, wenn er Ihnen Leitungswasser anbietet (siehe Plan in Sachen emotionaler Intelligenz ab Seite 46).

#95

Schauen Sie Ihrem Kollegen in die Augen und sagen Sie »Prost« in einer anderen Sprache

Egészségedre!

Erinnern Sie alle daran, dass es sieben Jahre schlechten Sex bedeutet, wenn man sich beim Anstoßen nicht in die Augen schaut. Damit wirken Sie, als wären Ihnen Traditionen wichtig und Sie wüssten in Geschichte oder so was Bescheid. Lernen Sie außerdem, »Prost« in einer Fremdsprache zu sagen. Damit wirken Sie so weltgewandt, als könnten Sie wirklich mit den internationalen Konten umgehen.

#96 Wenn jemand Sie fragt, worauf Sie sich im kommenden Quartal am meisten freuen, sagen Sie »Innovation«

Ich bin so begeistert von Innovation.

Wenn das Gespräch sich dem Thema zuwendet, worauf Sie sich am meisten freuen (und das wird es), reden Sie über Innovation. Sagen Sie irgendwas über Innovationsbemühungen und Innovationsgelegenheiten.

#97

Fordern Sie jemanden auf,
etwas zum Thema zu sagen

Würden wir nicht alle gern hören, was Bob dazu meint? Also ich bestimmt.

Fordern Sie die ranghöchste Person am Tisch auf, eine Rede über die Zukunft zu halten. Wenn Sie die ranghöchste Person sind, dann fordern Sie den Neuen auf und lassen ihn darüber reden, was er an seinem Team am meisten liebt.

#98

Sagen Sie jemandem, dass er etwas gut dargestellt hat, und zücken Sie dann Ihr Telefon, um es aufzuschreiben

Guter Punkt, lasst mich das aufschreiben ... »Baristas ... montags«

Wenn einer Ihrer Kollegen eine Aussage zu etwas macht, was er für interessant zu halten scheint, tun Sie, als wären Sie beeindruckt und sagen Sie, dass Sie das nicht vergessen möchten. Zücken Sie Ihr Telefon, um es zu notieren. Das erzeugt den Eindruck, als würde es in Ihrer Macht stehen, irgendetwas, was mit seiner Aussage in Verbindung steht, zu bewirken. Es gibt Ihnen auch die Gelegenheit, Ihre Nachrichten zu checken, ohne unhöflich zu wirken.

#99 Schlagen Sie vor, die Plätze zu tauschen.

Wie wär's mit einem Platztausch?

Lange Abendessen zwingen Sie, sich den ganzen Abend mit derselben Person zu unterhalten. Schlagen Sie vor, die Plätze zu tauschen, sodass alle die Chance haben, miteinander zu interagieren. Dadurch wirken Sie, als läge Ihnen Kameradschaft am Herzen, und es erlöst Sie von zu tiefschürfenden Konversationen.

#100

»Pingen Sie mich in der Sache morgen an«

Warum pingen Sie mich dazu nicht morgen an?

Wenn jemand über arbeitsrelevante Themen zu sprechen versucht, bitten Sie ihn, Sie morgen dazu anzupingen. Da der Alkohol auf Kosten der Firma fließt, besteht keinerlei Chance, dass er das tatsächlich macht, aber in dem Moment wirken Sie wichtig. Und ist das nicht alles, was wirklich zählt?

ZWISCHEN DEN MEETINGS

GLÄNZEN SIE AUCH IN AUSZEITEN

Es ist wichtig, auch dann noch schlau zu wirken, wenn Sie nicht in einem Meeting sind.

1. SCHREIBEN SIE EINE DANKESMAIL

Schreiben Sie nach jedem Meeting eine E-Mail an alle Teilnehmer und danken Sie ihnen, dass Sie sich die Zeit genommen haben, sich zusammenzusetzen. Und danken Sie dem Organisator für die Organisation und dem Protokollanten für sein Protokoll. Und danken Sie der Person, die die Snacks mitgebracht hat. Und wenn niemand Snacks mitgebracht hat, schlagen Sie vor, nächstes Mal Snacks mitzubringen.

2. GEHEN SIE MIT OFFENEM LAPTOP HERUM

Benutzen Sie einen entspiegelten Bildschirm, damit niemand sehen kann, dass Sie in Wirklichkeit die Nachrichten lesen.

3. BENUTZEN SIE STETS EINE »VON MEINEM MOBILTELEFON GESENDET«-SIGNATUR

Benutzen Sie eine »Von meinem Mobiltelefon gesendet«-Signatur, selbst wenn Sie nicht von Ihrem Mobiltelefon schreiben. Dadurch wirken Sie, als wären Sie ständig beschäftigt und auf Achse. Außerdem enthebt es Sie der Notwendigkeit, nochmals zu lesen, was Sie geschrieben haben.

4. SAGEN SIE, DASS SIE ES NICHT AUF IHREM KALENDER GESEHEN HABEN

Statt zu einem Meeting zu kommen, kommen Sie einfach nicht. Wenn man Sie anpingt und sagt, dass Sie kommen sollen, sagen Sie, dass Sie es nicht auf Ihrem Kalender gesehen haben. Die Tatsache, dass man das Meeting nicht ohne Sie anfangen lassen konnte, wird Sie ziemlich wichtig aussehen lassen.

5. SCHLAGEN SIE EIN MEETING VOR

Wenn ein E-Mail-Schriftverkehr über 25 E-Mails hinausgeht, beginnt ein Wettbewerb der Effizienz und die erste Person, die ein Meeting vorschlägt, ist der Sieger. Schlagen Sie dieses Meeting vor.

6. SCHLAGEN SIE EINE MANÖVERKRITIK VOR

Wenn ein Projekt eingestampft wird, bitten Sie um eine Manöverkritik, um festzustellen, was schiefgegangen ist. Sagen Sie, dass Sie wirklich gern dabei wären, wenn die Manöverkritik stattfindet, damit Sie aus den Fehlern anderer lernen können.

7. BEKLAGEN SIE SICH DARÜBER, WIE VIELE MEETINGS SIE HABEN

Beklagen Sie sich stets darüber, wie viele Meetings Sie haben, aber sagen Sie nie genau, wie viele – nehmen Sie einfach die Anzahl der Meetings, die andere haben, und verdoppeln Sie sie. So viele Meetings haben Sie.

8. SCHREIBEN SIE EIN MEMO ÜBER UNPRODUKTIVE MEETINGS

Schicken Sie ein Memo und sagen Sie darin, dass Sie sich wünschen, Meetings könnten produktiver sein.

9. SETZEN SIE UNTER DER BEZEICHNUNG »QUICK CHAT« EIN MEETING MIT EINEM IHRER NERVIGEN KOLLEGEN AN.

Verschieben Sie es dann stets in letzter Minute ohne Erklärung. Wenn er fragt, worum es bei dem Meeting geht, sagen Sie, dass Sie das in dem Meeting besprechen wollen, von dem Sie wissen, dass es niemals stattfinden wird.

10. SETZEN SIE EIN MEETING AN, UM DIE ANZAHL DER MEETINGS ZU REDUZIEREN

Versammeln Sie alle in einem Raum und stellen Sie die Frage, ob es meetingfreie Tage geben sollte oder meetingfreie Nachmittage oder meetingfreie Vormittage. Geraten Sie dabei in Zeitnot und entscheiden Sie, die Sache auf ein anderes Meeting zu verschieben.

DANKSAGUNG

Vielen, vielen Dank an alle, die den ursprünglichen Artikel auf Medium, Facebook, Twitter etc. gelesen haben; meiner weitläufigen Social-Media-Familie für ihre kontinuierliche Unterstützung, ihre Ideen und ihr Feedback; Matt Ellsworth, Tamara Olson und David Bishop dafür, dass sie jeden der frühen Entwürfe gelesen und verbessert haben; Christian Baxter, Sophie Gassée und Jeffrey Palm dafür, dass sie meine furchtlos glaubwürdigen Meeting-Vorbilder waren; Ossie Khan, meinem Skydiving-Experten; der besten Agentin und Lunch-Partnerin auf der Welt, Susan Raihofer (und Christina Harcar dafür, dass sie uns zusammengebracht hat); der geduldigsten Lektorin auf der Welt, Patty Rice; dem ganzen Team by Andrews McMeel dafür, dass sie dieses Projekt unterstützt und mich in ihre Familie aufgenommen haben; meiner Schwester Charmaine dafür, dass sie meine endlosen SMS ertragen hat; Mom, Dad, Rachael, George, Susie, Ryan, Tyler, Irene IV., Irene V. und vor allem meinem Mann Jeff, dem Menschen, der mich zum Lachen bringt und der mir hilft weiterzumachen. Ich liebe dich.

Die Originalausgabe erschien 2016 unter dem Titel *100 Tricks to Appear Smart in Meetings*
bei Andrews McMeel Publishing, a division of Andrews McMeel Universal, Kansas City.

Sollte diese Publikation Links auf Webseiten Dritter enthalten,
so übernehmen wir für deren Inhalte keine Haftung,
da wir uns diese nicht zu eigen machen, sondern lediglich auf deren Stand
zum Zeitpunkt der Erstveröffentlichung verweisen.

Bibliografische Information der Deutschen Bibliothek

Die Deutsche Bibliothek verzeichnet diese Publikation in der Deutschen Nationalbibliografie;
detaillierte bibliografische Daten sind im Internet unter http://dnb.ddb.de abrufbar.

MIX
Aus verantwortungs-
vollen Quellen
FSC® C005833
FSC
www.fsc.org

Verlagsgruppe Random House FSC® N001967

Aus dem Englischen von G. Maximilian Knauer
© 2016 by Sarah Cooper
All rights reserved
© der deutschsprachigen Ausgabe 2017 Ariston Verlag
in der Verlagsgruppe Random House GmbH, Neumarkter Straße 28, 81673 München
Alle Rechte vorbehalten

Umschlaggestaltung: Nele Schütz Design, München
unter Verwendung einer Vorlage von Sarah Cooper
Redaktion: Evelyn Boos-Körner
Satz: Satzwerk Huber, Germering
Druck und Bindung: Těšínská Tiskárna, Český Těšín
Printed in Czech Republic

ISBN: 978-3-424-20176-5